KB152814

초등학교 수학의 새로운 발견

열흘 만에 끝내는 초등 수학

열흘 만에 끝내는 초등 수학

초등학교 수학의 새로운 발견

초판 1쇄 2021년 2월 25일

지은이 반은섭

출판책임 박성규
편집주간 선우미정
디자인진행 김정호
편집 이동하·이수연·김혜민
디자인 한채린
마케팅 전병우
경영지원 김은주·장경선
제작관리 구법모
물류관리 엄철용

펴낸이 이정원
펴낸곳 도서출판 들녘
등록일자 1987년 12월 12일
등록번호 10-156
주소 경기도 파주시 회동길 198
전화 031-955-7374 (대표)
031-955-7376 (편집)
팩스 031-955-7393
이메일 dulnyouk@dulnyouk.co.kr
홈페이지 www.dulnyouk.co.kr

ISBN 9791159256110(03410)

값은 뒤표지에 있습니다. 잘못된 책은 구입하신 곳에서 바꿔드립니다.

교육 폴더
09

초등학교 수학의 새로운 발견

열흘 만에 끝내는 초등 수학

반은섭 지음

푸른들녘

추천사

초등학교 시절에 어떤 방식과 태도로 수학을 대하는가에 따라 중등학교에서의 수학 학습 그리고 인생의 항로가 달라집니다. 그러나 당장의 성공과 실패에 초점을 두는 현실에서 초등학교 수학을 대하는 바람직한 방식과 태도에 대한 논의는 뒷전으로 물러나는 경우가 많습니다. 싱가포르의 한국학교에서 교사로 재직하는 동안 이 문제에 깊이 천착하여 얻은 저자의 통찰과 지혜가 이 책에 담겨 있습니다. 저자는 경험이나 관찰만이 아니라 관련 연구에 기초한 심층적인 논의를 쉽고 시원한 언어로 풀어냅니다. 초등학교 수학을 전반적으로 그리고 세부적으로 새롭게 바라보고자 하는 교사, 학부모, 학생 모두가 즐겁게 읽을 수 있을 것입니다.

- 이경화

서울대학교 수학교육과 교수, 대한수학교육학회장

초·중·고 학생들에게 무의미한 암기 과목으로 전락한 수학을 삶의 소중한 도구로 만드는 구체적인 방법을 강렬하면서도 설득력 있게 제시하고 있다. 수학교육학을 전공해 박사학위를 받고 현재 싱가포르의 국제학교에서 활동하고 있는 저자의 노하우를 하루 삼십 분씩 열흘만 공들여 음미한다면 신비한 마법처럼 학생들을 행복으로 이끌 수 있는 강한 자신감을 얻을 수 있을 것이다. 학부모들을 주 대상으로 쓴 책이지만, 현직 교사나 교대 및 사범대생, 학원 선생님들도 꼭 한번 읽어보길 권한다.

- 류희찬

한국교원대학교 수학교육과 교수, 전 한국교원대학교 총장, 전 대한수학교육학회장

I welcome this volume of book, and became excited after the author showed me the gist of the book. Besides the in-depth content linking theory and practice of mathematics education, I believe the most important message to the readers is that mathematics is not about drill-and-practice, it is also about an in-depth understanding of mathematics content and the learners, and also points towards a deep respect to the professionalism of mathematics teachers. The author is being ambitious in targeting to reach the parents in 10 days. Precisely because of this, the content is succinct and the most exciting part of the elementary mathematics is brought out. I believe the outcome of this book is not only helping parents to teach their children well, but to enable the parents to appreciate the beauty of mathematics and the whole world of mathematical thinking, which is the most beautiful facet of life to a mathematician.

저자가 보여준 책의 요지를 읽고 저는 매우 감동했습니다. 수학교육의 이론과 실습을 연계한 심층적인 내용 외에도 수학이 단지 반복된 연산만을 중시하는 것이 아니라 수학 내용과 학습자에 대한 깊은 이해와 더불어 수학의 전문성에 대한 존중을 지향한다는 것이 독자들에게 가장 중요한 메시지라고 생각합니다. 저자는 열흘 안에 부모에게 다가가기 위해 야심차게 목표를 세우고 있습니다. 바로 이 때문에 내용이 간결하고 초등수학에서 가장 흥미진진한 부분이 나옵니다. 이 책의 결과는 단지 부모님들이 아이들을 잘 가르치는 데 도움이 될 뿐만 아니라, 수학자에게 있어서 가장 아름다운 삶의 면인 수학의 아름다움과 수학적 사고의 전 과정을 부모가 감상할 수 있도록 하는 것이라고 믿습니다.

- Toh Tin Lam

싱가포르국립교육연구소(NIE, National Institute of Education) 수학교육과 교수

저자의 말

우리 아이들을 가득 실은 '수학 열차'는 오늘도 끝없이 펼쳐진 사막 한가운데서 표류하고 있습니다. 목적지는 문제 풀이 만능의 마을인데, 그 마을이 결코 아름다운 곳이 아니라는 것을 우리 모두는 다 알고 있습니다. 어쩌면 그곳은 수학만 잘하는 몇 사람들이 만들어 놓은 신기루일 수도 있겠습니다.

학교와 학원의 선생님, 언론과 수학 교육 전문가들, 신문기자들, 유튜버들, 또 누가 있을까요? 이들은 아이들이 탄 '수학 열차'에 매일 기름을 듬뿍 부어주면서 열심히 신기루를 향해 달릴 것을 요구하고 있습니다. 뜨거운 태양을 피해 잠시 쉬어 갈 수 있는 오아시스를 찾는 일이나 아름다운 초목이 울창한 목적지를 찾는 일에는 그 누구도 관심이 없습니다. 우리 아이들의 목이 마르고 몸은 지쳐 가도 문제 풀이 만능의 신기루에 조금이라도 더 빨리 도달하기 위해 전진해야 합니다.

저는 싱가포르에서 수학을 가르치고 있는 교사입니다. 싱가포르는 세계적으로 수학 교육을 가장 잘 하고 있는 나라로 유명합니다. 이곳의 학생들은 수학 공부를 어떻게 하고 있을까요? 이곳의 학생들도 망망대해를 떠돌면서 문제 풀이 만능의 섬을 향해 표류하고 있을까요?

제가 만나 본 많은 싱가포르 현지의 학생들과 초등학교와 중학교의 선생님들은 수학이 공부하기 어려운 과목이라는 것을 받아들이고 있습니다. 수학 학습은 동서고금을 막론하고 누구에게나 어렵고 힘들지요. 하지만, 이곳의 학생들은 어려운 수학을 공부하기 위해 우리나라의 경우처럼 기계적인 계산을 의미 없이 반복하는 것이 아니라 실생활의 적절한 예를 통해 발견하고 수식에 담긴 의미를 찾으려고 부단히 노력한다는 점에서 차이가 있습니다.

우리나라 중·고등학생들의 경우 수학 문제는 대단히 잘 풀지만, 수학 공부에 대한 가치와 흥미를 전혀 느끼지 못한다는 연구 결과를 인터넷에서 아주 쉽게 찾아볼 수 있습니다. 왜 이런 현상이 나타났을까요? 제가 중학교와 고등학교에서 학생들을 가르치면서 유심히 지켜본 결과, 그 원인은 바로 초등학교 시절의 수학 공부 습관에 있었습니다. 그런데 이 생각은 제가 근무하고 있는 학교의 초등학교 선생님들은 물론 싱가포르의 많은 현지 선생님들도 동의하는 것이었습니다.

우리 아이들이 수학을 어떻게 공부하지요? 수식으로 가득 찬 학습지를 반복해서 풀고 있습니다. 학교나 학원의 선생님들, 그리고 부모님들은 수식의 의미를 잘 모르고 기계적으로 가르칩니다. 우리 모두가 학교 다니면서 다들 그렇게 배웠기 때문에 이상할 것도 없습니다. 결국 아이들은 수학 문제는 잘 풀지만, '수학' 하면 고통과 괴로움을 같이 연상하는 악순환을 반복해서 경험하게 됩니다.

"습관이란 인간으로 하여금 무슨 일이든 가능하게 만든다."

러시아의 문호 도스토옙스키가 남긴 말입니다. 중학교와 고등학교에 나오는 수많은 수학 개념 공부는 물론 앞으로 우리 아이들이 마주하게 될 미래 사회를 대비하기 위해서는 초등학교 시절에 좋은 공부 습관을 만들어야 합니다. 수학은 전 세계의 어느 나라에서도 모국어 이외에 가장 중요하게 다루어지는 교육 내용입니다. 과거에도 그랬고 앞으로도 그럴 것입니다. 수천 년을 내려온 수학의 지혜를 통해 논리적인 사고력을 기를 수 있기 때문에 선진국을 포함한 대다수의 나라에서 어린이들의 수학 교육에 공을 들이고 있는 것이죠.

그렇다면, 무엇을 어떻게 배워야 하는 것일까요? 초등학교 수학의 개념이나 원리를 많이 익히고, 문제를 많이 풀어봐야 할까요? 틀린 말은 아닙니다. 하지만, 오랜 시간 인류가 발전시켜온 수학을 다양한 예를 통해 발견하면서 감동을 얻고, 또 모르는 내용을 스스로 탐구해보는 '좋은 공부 습관'을 기르는 것이 훨씬 더 중요하답니다. 이 책에 자녀들의 수학 공부를 도와줄 몇 가지 방법이 제시되어 있습니다.

여러분 자녀들의 마음을 옥토로 만들어주길 바라면서 이 책을 썼습니다. 이 책을 통해 우리 아이들의 미래가 풍성한 열매로 가득 차기를 기원합니다.

싱가포르 부킷티마 언덕에서

반은섭

차 례

거대한 진리의 바다 앞에서

'무한 경쟁 시대' '4차 산업 혁명' '인공 지능'

'빅데이터' '첨단 공학' '창의성'……

자주 들어서 익숙한 단어들입니다. 이 단어들이 어떻게 느껴지세요? 색으로 표현한다면 어떤 색이 적당할까요? 어쩌면 가장 차가운 색이 어울릴지도 모릅니다. 우리가 흔히 '과학' '이과' '수학'이란 단어들을 떠올릴 때 자동으로 연상하는 색처럼요. 그런데 이 차가운 느낌의 단어들이 초등학교 수학 교육에도 이미 스며들어 있습니다.

'4차 산업 혁명 시대를 대비하기 위한 ○○○○' '첨단 공학 기술 개발을 위한 ○○○○' '인공지능과 ○○○○'…… 어른들이 읽는 경제경영서에 나오는 문구가 아니라 초등학교 수학을 다룬 여러 책에서 가져온 문구들입니다. ○○○○에 들어가는 단어가 바로 '초등 수학'이거든요. 이처럼 수학은 '뭔가 앞서가는' '대단히 미래지향적인' 분위기를 풍기면서 우리 아이들 앞에 성큼 다가와 있습니다.

우리가 매일 사용하고 있는 스마트폰을 생각해봅시다. 손바닥만 한 이 작은 물건에 고도의 기술과 수학적 원리가 내재되어 있습니다. 낯선 곳에 갈 때면 자주 이용하는 내비게이션 앱이나, 버스나 지하철 시간을 알려주는 앱은 하루에도 여러 번 쓰고 있는 인공지능입니다. 우리 아이들 중에는 미래에 스마트폰을 개발하는 연구원이 될 인재도 분명 있을 테지요. 그러나 초등수학은 앞으로 첨단과학을 공부할 아동만을 위한 것이 아닙니다. 초등수학 교육은 어떤 분야에서든 자신의 일을 멋지게 수행하면서 살아갈 모든 아이들을 위한 것입니다.

미래의 꿈나무들에게 '생각하는 힘'을 불어넣어야 합니다.

우리는 살아가면서 수많은 의사결정을 하고, 눈앞에 닥친 여러 문제들을 해결해야 합니다. 초등학교 수학 공부를 통해 '생각하는 힘'을 충분히 기른다면 실수를 최대한 줄이고 만족할 만한 해답을 얻을 수 있습니다.

수학 시간입니다. 교실에 20명의 학생들이 모여 있습니다. 하나같이 소중한 존재들이죠. 제가끔 다르지만 모두 푸르른, 귀한 생명나무들입니다. 생물학적 특성이 비슷한 나무들끼리 군락을 이루듯 우리 학생들도 끼리끼리 모여 작은 정원을 이룰 수 있습니다. 수학 교실은 작은 정원들을 여럿 가지고 있는 큰 정원이 되겠네요.

수학교실 = 정원

아이들은 저마다 다른 고유의 존재들입니다. 너무나 달라 이질적으로 보이지만 자연의 관점으로 보면 '조금씩 다른' 나무일뿐입니다. 키가 큰 나무가 있고, 잎이 뾰족한 나무도 있고, 사철 잎이 붉은 나무가 있을 뿐입니다. 이런 아름다운 특성을 우리는 '개성'이라고 부르는데요. 이 수학 나무들, 작은 정원들을 모두 잘 길러줘야 합니다. 어떻게 해야 할까요? 누가 해야 할까요? 이 책을 관통하고 있는 철학은 부모가 팔을 걷어붙이고 지금 당장 나서야 한다는 것입니다.

초등학교 수학책을 아무 곳이나 한번 펼쳐보십시오. 어른이 되어 다시 마주한 수학이 어떤가요? 여러분은 이미 복잡한 문장을 해석하고 문제의 핵심을 파악하는 능력이 성장해 있습니다. 쉽습니다. 초등 수학은 누구나 다 가르칠 수 있을 것 같습니다. 사실 그렇습니다. 개념에 대한 이해가 충분히 없어도 가르칠 수 있습니다. 잘 가르치는 것과는 별개로 말이에요.

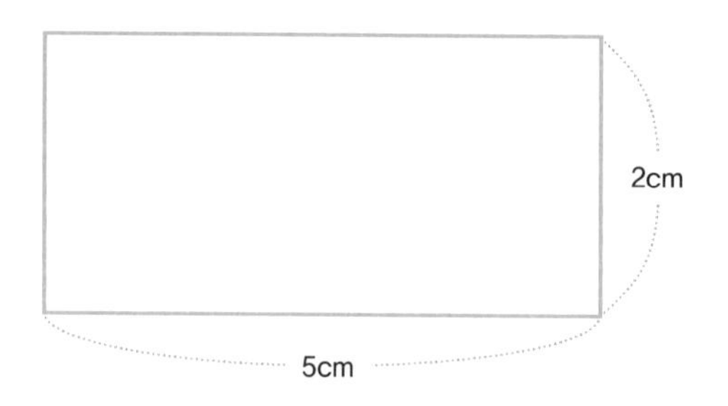

위 사각형을 보세요. 여러분은 가로의 길이가 5cm이고 세로의 길이가 2cm인 직사각형의 넓이를 바로 구할 수 있습니다. 답은 $10cm^2$입니다. 가로와 세로의 길이를 곱하면 직사각형의 넓이를 구할 수 있습니다. 그런데 왜 그렇죠? 넓이가 무엇인가요? 궁금하시면, 이 책을 끝까지 읽어보시면 됩니다. 물론 직사각형의 넓이를 구할 때, 왜 가로하고 세로를 곱하는지 몰라도 상관없습니다. 기계적으로 외운 공식을 적용해서 그냥 풀어도 답은 나오니까요.

수많은 초등수학 전문가들은 소중한 당신의 자녀, 정원과 나무에 관심이 있을까요? 학교와 학원의 어느 수학 교실에서도 여러분의 자녀가 있는 작은 정원에 정성껏 물을 뿌려주지 않습니다. 여기 저기 찾아다니면서 나무와 정원의 상태를 일일이 체크해주는 사람은 없습니다. 한 달에 한 번 물을 줘야 하는 나무에게도 다른 나무들과 똑같이 매일 물을 퍼붓습니다. 우리 아이가 다니는 학교는 다르다고요? 우리 아이의 선생님은 잘 가르쳐줄 거라고 생각하시나요?

담임 선생님의 하루 일과는 여러분이 생각할 수 없을 정도로 빡빡합니다. 너무나 많은 일로 가득 차 있어요. 학생 생활지도와 행정업무, 학부모와의 전화 상담 등으로 아이들과 얼굴을 마주하고 대화를 나눌 단 몇 분의 시간조차 내기 어렵습니다. 빨리 능력을 인정받아 승진하고 싶어 하는 교사들은 오히려 더 바쁘답니다.

운이 좋아서 아이들에게 관심을 많이 기울여주는 좋은 선생님을 만났다고 가정해볼게요. 일주일에 수학이 몇 시간 들어 있나요? 한 학급당 학생은 몇 명이나 되나요? 40분 수업 시간 중 선생님이 여러분의 자녀와 수학 이야기를 단 5분만 한다면 그것은 기적입니다. 왜냐고요? 칠판과 프레젠테이션 TV 모니터 앞을 몇 번 왔다 갔다 하면 수업이 끝나니까요. 그분들은 참 좋은 선생님들이지만 안타깝게도 정원을 자세히 들여다볼 틈은 없습니다.

그래서 부모님들은 그 틈을 채우고자 학원으로 눈을 돌립니다. 학원이라는 단어를 떠올리니 편의점에 삼삼오오 모여 삼각김밥과 컵라면으로 끼니를 해결하는 아이들의 모습이 아른거립니다. 인스턴트식품으로 배를 채운 다음 딱딱하고 차가운 의자에 앉아서 학원 선생님과 따뜻한 수학 이야기를 할까요? '기본문제' '응용문제' '기출문제'로 가득 찬 숨 막히는 학습지를 기계적으로 풀다가 겨우 집에 오는 아이들. 늦은 저녁을 허겁지겁 먹고 침대 위로 날아가듯 몸을 던지고 누워 그제야 안도의 한숨을 쉬며 스마트폰을 들여다보는 아이들. 우리 아이들의 하루는 대개 이렇게 마무리됩니다.

명심하십시오.
우리나라의 공교육과 사교육만으로는
여러분의 소중한 자녀들의 수학교육을
올바로 시킬 수 없습니다.

분명, 교육 시스템이나 환경에 문제가 있어 보입니다. 학교나 학원의 틀 밖으로 시야를 돌려보죠. 먼저, 교육 정책을 만들고 관리하는 '교육청'이나 '교육부'에서는 학생들을 위해 어떤 일을 하고 있을까요? 부모님들도 잘 아시겠지만, 대부분의 공무원들은 변화를 별로 좋아하지 않습니다. 기존의 주입식 암기 교육을 바꿀 이유가 없습니다. 당장 높은 점수라는 성과를 보여주거든요. 그들은 보편적이고 평등한 교육정책을 우선 만들어야 하기 때문에 수학을 공부하는 학생 개인의 아픔과 눈물을 돌볼 여유가 별로 없습니다. 그러니 적응하지 못한 나약한 나무들은 수학을 포기할 수밖에요.

그렇다면 학교 수학 교육을 불철주야 연구하는 교육대학의 교수들이나 연구자들은 어떨까요? 수학 교육 연구자들은 지난 반세기 동안 학생들의 수학 학습에 직간접적으로 도움을 주는 많은 연구 결과들을 내놓았습니다. 조금만 관심을 갖고 논문들을 찾아보면 학생 개개인이 속해 있는 정원을 어떻게 잘 돌볼 수 있는지에 대한 힌트를 쉽게 얻을 수 있습니다. 하지만, 대부분의 연구 결과들이 학교 현장의 교사나 학생에게 의미 있게 활용되고 있지 않습니다. 아이들의 손을 잡아줄 수 있는 것은 실험실의 차갑고 이성적인 연구 결과가 아니라 아름다운 정원 가꾸기라는 소박한 철학과 따뜻한 마음입니다.

이번에는 우리 아이들이 보는 책을 생각해봅시다. 수학 교육 전문가 여러 명이 모여서 집필한 수학 교과서의 내용은 어떤가요? 푸르른 생명나무들에겐 어떤 책일까요? 올바른 수학교육에 대한 근본적인 철학이 단단하지 않기 때문에 바람이 부는 방향에 따라서 수시로 개정 작업에 매달립니다. 교과서가 왜 이렇게 자주 바뀌는지 모르겠습니다. 내용을 찬찬히 들여다보면 행복한 정원사가 풀 한 포기 나무 잎사귀 하나 소중하게 다루듯 그런 마음으로 한 줄씩 써내려간 것 같지 않습니다. 이상한 표현도 많고 중학교 문제를 예시로 가져오기 일쑤입니다.

물론 수학 자체가 어렵고 추상적이기 때문에 수학교과서는 어느 나라에서든 쉽고 재미있게 쓰기가 어렵습니다. 새로운 유형의 중학교 교과서 모델을 개발했던 필자도 충분히 고민했던 문제였기 때문에 자신 있게 말씀드릴 수 있습니다. 수학교과서에는 수학의 개념, 이론, 법칙을 발견해가는 과정을 자세히 쓸 수가 없습니다. 그렇게 되면, 교과서가 너무나 두꺼워지고 장황해지거든요.

현재 교과서에 단 몇 장으로 나와 있는 덧셈만 하더라도 발견의 과정을 다 적으려면 수십 장이 필요합니다. 분량이 줄어들수록 더 형식적이고 추상적일 수밖에 없습니다. 아이들이 이해하기 어렵고 부실한 책으로 보입니다. 하지만, 선진국인 미국, 유럽, 일본, 싱가포르의 수학교과서가 모두 그렇습니다. 산만한 교과서 대신 정리된 '한 권'을 선택한 것입니다.

이러한 사정을 잘 모르고 형식적인 수학교과서를 비판하는 사람들이 많이 있습니다. 그들의 요구를 다 들어주면 아마 배가 산으로 갈 것입니다. 수학교과서는 여러분의 자녀를 신비한 수학의 세계로 이끌어주기 위한 참고 자료일 뿐이라고 생각한다면 교과서를 탓할 이유가 전혀 없습니다.

제가 말씀드리고 싶은 내용이 다 드러났군요. 결과적으로 모두의 잘못이긴 한데, 또 한편으로는 누구의 잘못도 아닙니다. 다들 '자기만의 이유'가 있습니다. 하지만 가장 고통스러운 것은 먹이사슬의 맨 아래에 있는 수백만 명의 소중한 '나무'와 '정원'들입니다.

결국, 여러분이 직접 정원사가 되어야 합니다.

눈을 크게 뜨고 수학교과서에 적혀 있는 수식의 행간을 들여다봐야 합니다. 학교와 학원만 믿었다가는 무조건 후회하게 되어 있습니다.

자녀의 수학 공부에는 이 세상 어느 누구도 대신할 수 없는 부모의 역할이 분명 있습니다. 저는 3습(習)이라는 용어를 쓰겠습니다. 여러분이 모두 알고 있는 '예습' '복습' '연습'입니다. 부모의 역할을 단 두 줄로 요약하면 다음과 같습니다.

학교와 학원에서는 교사와 수업을 하고,
집에서는 부모와 3습(예습, 복습, 연습)을 한다.

현명한 사람은 노력만 하기보다는 시스템과 환경을 바꾼다고 합니다. 하루에 단 삼십 분만 자녀와 함께 수학 공부를 하십시오. 자녀가 둘이라면 하루에 한 시간이면 되겠네요. 이 세상에 자녀보다 소중한 게 또 있을까요? 퇴근하면 바로 집으로 오십시오.

자녀와 함께 수학책을 펴시기 바랍니다. 자녀가 중학생이 되면 같이 머리를 맞대고 공부하는 시간은 기대하기 어렵습니다. 시간도 없을뿐더러 아이 역시 부모와 같이 공부하는 것을 좋아하지 않습니다. 자녀가 초등학생인 '지금 이 순간'이 부모와 아이가 머리를 맞댈 수 있는 거의 유일한 시간입니다.

자녀에게 위대한 유산을 물려주고 싶다면 돈보다 소중한 추억을 물려주세요. 테이블에 둘러 앉아 문제 하나 해결하기 위해 마음과 머리를 모았던 소중한 '함께하기'의 경험을 물려주십시오. 마음만 있으면 됩니다. 누구나 좋은 정원사가 될 수 있습니다. 여러분의 소중한 자녀들에게는 명망 높은 대학교수보다 부모가 훨씬 더 훌륭한 수학 교육 전문가입니다.

한 그루의 '수학 나무', 그들과 함께할 작은 '수학 정원'을 아름답게 가꿀 수 있는 설명서로 이 책을 활용하시기 바랍니다. 1부에서는 아이들이 왜 수학을 어려워하는지, 수학의 본성이 무엇이지, 또 아이들의 수학 공부를 도와주기 위해 어떤 교수 원리가 필요한지 소개해드립니다. 본격적인 지도에 앞서 수학교육에 필요한 배경지식을 얻게 될 것입니다. 2부에서는 학교에서 다루는 중요한 수학 내용을 자녀들과 어떻게 공부해야 하는지 구체적으로 알려드리겠습니다.

영국의 위대한 수학자이자 물리학자였던 뉴턴은 인류의 역사를 바꾸어놓은 몇 가지 위대한 법칙을 설명하면서 "내가 더 멀리 보았다면, 단지 나는 거인의 어깨 위에 서 있었기 때문이다."라는 겸손한 말을 남겼습니다. 실제로 뉴턴이 만유인력의 법칙이나 미적분학을 최초로 발견할 수 있었던 배경에는 갈릴레이, 케플러, 데카르트, 배로우와 같은 선배 학자들의 땀과 노력을 빼놓을 수 없습니다. 뉴턴은 또한 노년에 이르러 다음과 같은 명언을 남겼습니다.

내 눈에 비친 나는 어린아이와 같다.
바닷가 모래밭에서 더 매끈하게 닦인 조약돌이나

더 예쁜 조개껍데기를 찾아 주우며 놀고 있다.
그러나 거대한 진리의 바다는 온전한 미지로
내 앞에 그대로 펼쳐져 있다.

여러분의 소중한 자녀 앞에도 무궁무진한 진리의 바다가 펼쳐져 있습니다. 드넓은 바다에서 무엇을 발견하고 인생을 채워나갈지는 전적으로 초등학생 시절을 어떻게 보냈는지, 부모와 어떻게 어떤 공부를 했는가에 달려 있습니다.

여러분의 자녀들이 거인의 어깨를 밟고 선 뉴턴이 되길 기원합니다. 당신이 위대한 거인이 되어 두 어깨를 자녀들에게 내어주시기 바랍니다.

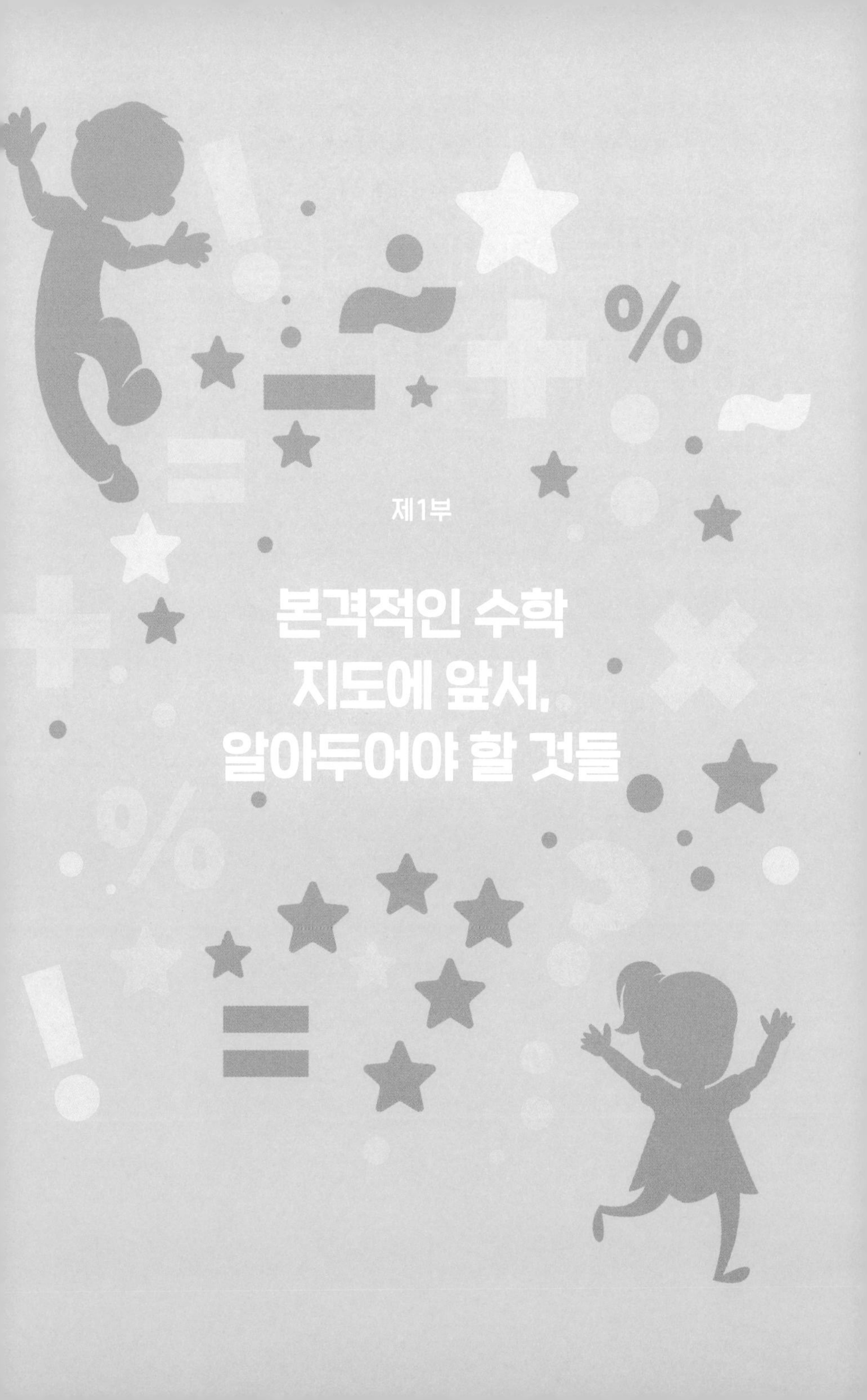

제1부

본격적인 수학 지도에 앞서, 알아두어야 할 것들

첫째 날

아이들에게 수학을 어떻게 가르쳐야 할까?

● 싱가포르에도 '수포자'가 있을까?

PISA(Programme for International Student Assessment)는 OECD가 주관하는 국제학업성취도 평가로 3년마다 회원국들의 학생을 대상으로 읽기, 수학, 과학 역량을 평가하고 있습니다. 우리나라는 그동안 시행된 PISA의 수학 평가에서 꾸준히 세계 최고 수준의 결과를 보여주었습니다. 반면, 학습에 대한 흥미나 자신감, 행복지수를 묻는 문항들에 대해서는 매우 낮은 점수를 기록하고 있습니다.

PISA 2015의 결과를 확인해보겠습니다. 우리나라 학생들의 수학 성취도는 세계 최고 수준입니다. 그러나 수학의 흥미도와 자신감의 순위는 최하위입니다.

초4: 수학 성취도 49개국 중 3위
중2: 수학 성취도 49개국 중 2위

초4: 수학 흥미도 뒤에서 1위, 자신감은 뒤에서 3위
중2: 수학 흥미도 뒤에서 2위, 자신감은 뒤에서 4위

이는 전 세계 회원국 중 우리나라에서만 나타나는 특징입니다. 특히 수학에서 이런 현상이 두드러집니다. 시험은 잘 봐서 점수는 높은데, 수학을 싫어하는 겁니다. 왜 이런 결과가 나왔을까요?

PISA 평가 결과에 대해 전문가들이 모여 공청회 형식의 토론을 합니다. 그때마다 여러 가지 원인에 대한 대화가 오갑니다. 저도 한 번 참여한 경험이 있는데요. 결론은 늘 한 가지로 모입니다.

"우리나라 교육이 근본부터 잘못되었다."

아주 적절한 진단입니다. 이 문제를 해결하기 위한 여러 방법도 나오는데, 각 처방을 들여다보면 모두 맞는 말입니다. 그런데, 정작 학교 현장에 잘 반영되고 있지 않습니다. 전문가들이 모여서 회의를 하고 결과 보고서 한 부 만들면 그만입니다. 학교 현장의 수학 교실에서 어떤 일이 벌어지고 있는지에 대해 별로 관심이 없습니다. 서두에서 말씀드렸듯이 수학 교육에 작용하는 변수들은 생각보다 많이 있습니다.

그렇다면, 싱가포르의 PISA 평가 결과는 어떨까요? 싱가포르의 수학 성적은 우리나라보다 더 높습니다. 항상 1위입니다. 수학 흥미도나 자신감의 평점도 평균 이상으로 높습니다. 전 세계 PISA 국제학업성취도 평가를 총괄하는 슐라이허(Schleicher) 교육 기술 국장이 최근 한 신문사와 인터뷰한 기사를 읽었습니다. 그는 싱가포르와 한국의 수학 교육을 비교하며 다음과 같이 표현했습니다.

싱가포르는 수학적 사고를 하지만, 한국은 암기만 한다.

한국 학생들은 공식과 방정식은 잘 알지만, 싱가포르 학생들이 하듯 수학자처럼 사고하는 학생은 드물다고 합니다. 우리나라 학생들이 수학 성적 대비 학습 흥미도가 낮은 이유가 지나치게 많은 학습량이라고 생각하실지 모르겠습니다. 하지만, 싱가포르 학생들은 더 많은 시간을 공부합니다. 이곳 싱가포르는 초중고의 과정이 6/4/2학년제입니다. 초등학교 때부터 중학교 입시 준비를 해야 합니다. 게다가 시험 성적, 등수 이런 것을 공개할 수 있습니다.

초등학교 6학년 학생들은 전국 단위로 치르는 졸업 시험 형태의 PSLE(Primary School Leaving Examination)를 봐야 중학교에 입학할 수 있는 자격이 주어집니다. 300점 만점에 최소 200~250점은 되어야 좋은 중학교에 입학할 수 있습니다. 고입 과정도 마찬가지다 보니 학생들이 수학뿐만이 아니라 영어나 과학 공부를 많이 할 수밖에 없습니다.

당연히 주입식 암기교육이나 기계적인 수학 문제 풀이를 해야 할 것입니다. 하지만, 이들은 반복적인 문제 풀이만 하는 데서 나아가 수학이 현대 과학과 우리의 삶에 미치는 영향을 분명히 알고 공부합니다. 그래서 싱가포르의 대다수 학생들은 수학 공부를 즐깁니다. 공공장소나 카페에서 삼삼오오 모여 수학 공부를 하면서 토론하는 친구들을 자주 볼 수 있습니다.

반면, 우리나라 학생들은 대체로 의미를 모른 채 문제만 많이 푸는 공부를 하고 있습니다. 그래서인지 우리나라에서는 수학을 잘하는 학생이나 못하는 학생 모두가 수학을 싫어합니다. 문제를 풀면서도 왜 그렇게 되는지 원리를 알고 푸는 것, 수학의 쓰임이나 가치를 알고 공부하는 것은 공식을 암기해 기계적인 문제풀이만 하는 학습과는 차원이 다릅니다.

특히, 우리나라의 경우는 공부를 잘 해야 하는 이유나 철학이 너무도 빈곤하다는 데 문제가 있습니다. 좋은 대학에 가기 위해, 남들과의 경쟁에서 이기기 위해 공부합니다. 무엇보다 수학 점수가 진학을 하는 데 중요하게 활용되기 때문에 수학을 공부함으로써 얻게 되는 다양한 이점들의 가치가 빛을 발휘하지 못하고 있습니다.

아마도 이 글을 읽고 계신 분들은 모두 '수포자'라는 단어를 알고 있을 겁니다. 이 단어를 모르는 사람들은 거의 없을 텐데요. 그래서일까요? 신기하게 국어사전에도 이 말이 나와 있습니다. 이제는 학생들이나 수학 선생님들뿐만 아니라 일반인조차도 수포자라는 단어를 아무렇지도 않게 사용합니다.

요즘은 언론 매체에서도 수포자 문제를 종종 다룹니다. 심지어 '수포자 구출 작전'이라는 목표를 세운 사람들이 '수학 클리닉'을 만들어 '수포자'들을 치료하고 있다는 소식도 들려옵니다. 저는 이런 이야기를 들으면 마음이 조금 불편해집니다. 특히, 수학 교육에 종사하는 분들이 이런 단어를 사용하면 더욱 그렇습니다.

수학이 얼마나 대단하면 수학을 못하는 학생들을 '수포자' 집단으로 몰아넣어야 할까요? '클리닉'은 병을 치료하는 병원을 말하는데, 그렇다면 수학을 못하는 것이 병인가요? 다른 나라의 상황이 궁금했습니다. 저는 싱가포르에 오자마자 현지 학생들이나 교사들에게 '수포자'와 비슷한 의미의 단어가 있는지 물어봤습니다. 그들은 왜 그런 질문을 하냐는 식의 반응을 보였습니다. 수학을 싫어하는 학생이 있을지언정 수포자라는 단어는 이곳에 없습니다. 조금 더 조사해보니 '수포자'는 우리나라에만 있는 단어였습니다.

어떤 사교육 단체에서 조사한 바로는 우리나라 학생들의 약 50%가 수포자라고 합니다. 그리고 잠재적 수포자까지 합하면 70%가 수포자라고 하는데, 잠재적 수포자는 또 무엇이며, 이런 통계자료가 어떻게 나온 결과인지도 모르겠습니다. 다만 확실한 것은 우리가 '수포자'라는 단어를 너무도 쉽게 쓰고 있다는 것입니다. 수학 학습을 다룬 외국 번역서에는 수포자라는 단어가 없는데, 우리나라 책에선 '수포자' 이야기가 없는 책이 거의 없습니다.

왜 우리나라는 단지 수학을 못한다고 해서 새로운 용어까지 만들어 남들과 구분하는지 모르겠습니다. 우리나라만의 '독특한' 경쟁 문화 내지는 타인과 비교를 즐겨하는 사회문화적 요소에 기인하는 현상일 것이라고 추측해봤습니다.

다양한 나무들이 공존하는 수학이라는 큰 정원에는 '잡목'이 없습니다. 정답만을 중요시하고, 당장의 성과만을 강요하게 되면 작고 연약한 수학 나무들은 적응하기가 어려워지는 것은 물론, 수학 생태계 전체가 영향을 받게 됩니다. 결국 모든 학생들이 피해를 보죠. 수학을 못하는 것은 병이 아닙니다. 기계적인 문제 풀이만 못했을 뿐입니다. 아이들이 탄 수학 열차가 분명 산으로 가고 있는 상황에서 새로운 수학교육 철학을 구축해야 합니다.

더 늦기 전에, 우리 아이들의 행복한 미래를 위해
올바른 수학교육을 해야 합니다.

내 아이의 수학교육을 공교육이나 사교육 기관에서 절대로 도맡아 해줄 수 없다고 했습니다. 결국, 부모가 올바른 수학교육자가 되어야 합니다. 아이와 함께 수학을 공부하면서 처음부터 끝까지 초지일관해야 하는 원칙이자 철학이 있습니다. 다음 두 가지를 꼭 기억하시기 바랍니다.

1. 따라올 때까지 느긋하게 기다려라

많은 사람들에게 수학이 어려운 이유가 있습니다. 수학은 일상 언어로 전개하는 학문이 아니라 고도로 추상화된 수식을 기본 언어로 다루기 때문입니다. 수식이란 수 또는 양을 나타내는 숫자나 문자를 연산 부호로 연결한 식입니다. 수학책은 수식으로 가득 차 있습니다. 세계 어디를 가도 동일한 수식을 사용합니다. 수식은 만국 공통언어이지요.

수학을 가르치는 사람들이 저지르는 흔한 실수가 있습니다. 예를 들어볼게요. 낯선 장소에 가서 길을 찾아본 경험은 누구에게나 있습니다. 현지의 사람들에게 길을 물어보기도 하지요. 어떤 사람들은 길을 알려주면서 아주 쉽게 찾아갈 수 있을 거라고 말하기도 합니다. 그들은 왜 쉽다는 말을 하는 걸까요? 본인들에겐 그 길이 너무도 익숙하기 때문입니다. 본인에게 익숙하니 상대방도 쉽게 찾을 수 있다고 '착각'하는 것이지요.

자녀들에게 수학을 가르칠 때도 마찬가지입니다. 우리에게 너무 익숙하니까 자연스레 "아니, 이것도 몰라?" 하는 볼멘소리가 저절로 튀어나오는 겁니다. 그러나 자녀들은 부모님과 달리 아무것도 모른다는 사실을 명심하세요. 아이들은 엄마나 아빠의 눈짓 하나 숨소리 하나만으로도 상황을 파악합니다. 이미 기가 죽은 상황에서 여러분이 알고 있는 지식을 성급하게 늘어놓는 것은 도움이 되지 않습니다. 이처럼 자신이 알고 있는 지식을 다른 사람에게 알려줄 때 흔히 발생하는 이 무의식적인 현상을 '지식의 저주'라고 합니다.

음수의 개념과 같이 우리가 지금 너무도 당연하게 알고 있는 개념들도 처음 나왔을 때에는 수학자들 사이에서도 받아들이기 어려웠습니다. 멀리 갈 필요 없습니다. 여러분의 학창시절을 떠올려보세요. 수학 학습이 마치 어두운 방에서 스위치를 찾는 것처럼 시간이 많이 걸리는 어려운 일 아니었나요? 여러분의 자녀도 마찬가지입니다. 인내심을 갖고 천천히 따라올 때까지 그들을 기다려주시기 바랍니다.

2. 실패나 시행착오를 허용하라

수학의 많은 이론이나 개념은 수많은 시행착오 끝에 밝혀졌습니다. 중학교에서 학습하게 되는 음수와 같은 기본적인 수학 개념은 물론이고 최근에 밝혀진 페르마의 마지막 정리와 같은 난제들은 수백년의 시간에 걸쳐 다듬어진 수학의 내용들입니다. 시행착오는 시행을 해보고 오류를 발견한 후, 이를 극복해 다시 행하는 일을 반복하고 문제를 해결하는 것입니다. 이 시행착오의 과정은 수학 공부에서 매우 중요합니다. 그러나 대부분의 사람들은 모범 답안을 원하고 시행착오를 위험한 일이라고 생각합니다.

물론, 낯선 곳으로 가는 '우연의 여행'을 감행하는 것은 쉬운 일이 아닙니다. 우리가 인터넷 검색 결과가 알려준 '맛집'이나 SNS 단톡방에서 알려준 '그곳'에 가는 것은 앞선 이들의 검증이 주는 안전함 때문입니다. 그래서 우리는 대개 어디로 갈지, 무엇을 먹을지, 어느 숙소에서 묵어야 할지 미리 결정한 다음 여행을 떠납니다. 시행착오를 겪고 길을 잃고 헤매는 것을 불필요한 일이라고 여기는 탓입니다. 공부할 때도 그렇잖아요? 어려운 문제가 나오면 잠시 생각해보다가 곧 모범답안을 펼칩니다. 답안에 나온 풀이를 보면 갑자기 문제가 쉬워지는 놀라운 기적을 경험하면서 해결하곤 하지 않았나요?

여러분의 자녀에게는 실수나 시행착오를 충분히 경험하게 해주십시오. 실수가 '나쁜 것'이 아니라는 것을, 시행착오는 '모험'이라는 것을 몸소 깨닫게 해주세요. 일상에서도 공부에서도 말입니다. 문제를 풀 때도 전혀 엉뚱한 방향으로 도전해보고, 답도 틀려가면서 한 걸음씩 나만의 이유와 논리를 만들어가는 과정이 꼭 필요합니다. 시행착오를 통해 수학 학습에 대한 자신감을 키워줄 수 있다는 점을 잊지 마시기 바랍니다.

● 누구나 가르칠 수 있어도, '잘' 가르치기는 어렵다

초등 수학은 누구나 가르칠 수 있습니다. 어른의 관점에서 초등 수학은 너무나 쉽습니다. 초등 수학의 50%이상을 차지하는 '수와 연산' 영역의 경우 자연수와 간단한 분수의 사칙연산이 전부거든요. 아이들이 중학교에 가면, 수가 확장되어 음수와 무리수도 배우게 됩니다. 점점 어려워지지요. 그럼 이제 더 이상 부모가 자녀와 함께 수학 공부를 할 수 없게 됩니다.

아이들의 관점에서는 초등 수학이 아주 어렵습니다. 특히 초등학교에 입학한 1학년 학생들은 갑자기 책으로 숫자를 보고 익혀야 하기 때문에 수학이 부담스럽기만 합니다. 그래서 많은 나라의 초등학교 1학년 과정은 덧셈이나 뺄셈에 대한 내용을 아주 천천히 도입하고 있습니다. 우리나라에서도 한때는 실생활의 다양한 예를 통해 충분히 수에 대한 감각을 기른 다음 연산을 할 수 있도록 아이들을 배려했습니다.

하지만, 시대가 변할수록 초등 수학은 아이들 스스로 공부하기 점점 어려워지고 있습니다. 초등학교 수학교과서를 유심히 살펴보면, 교과서에 있는 문제들의 표현 방식에서 아이들이 이해하기 어려운 내용을 발견할 수 있습니다. 예를 들면 다음과 같은 것들이지요.

1) 서술형 문제의 이상한 문장 표현

[문제] **대화를 보고 이안이와 준우가 일주일 동안 2중 뛰기를 모두 몇 번 했는지 하나의 식으로 나타내어 구해 보세요.**

이 문제를 읽다 보면, '2중 뛰기'에서 잠깐 멈추게 됩니다. 교과서 저자들은 꼭 '2중 뛰기'라는 단어를 써야 했을까요? 문제를 푸는 아이들은 이 글을 보는 순간 '2중 뛰기'란 표현 때문에 '2를 더 곱해야 하나?' 하면서 불필요한 고민에 빠집니다. 그냥 '줄넘기'라고 썼으면 좋았을 텐데요. 아니면, 2를 숫자로 쓰지 말고, '이중 뛰기'라고 표현했으면 오해의 소지가 훨씬 줄었을 것입니다. 일주일을 1주일이라고 쓰지 않은 것처럼 말이죠. 말로만 '눈높이 교육'을 외칠 게 아니라 실제로 작은 것 하나까지 체크하는 섬세한 배려가 절실합니다.

초등 1학년에서는 두 자리의 자연수까지만 배웁니다. 그런데 수학책에 적힌 페이지는 100페이지가 훌쩍 넘어갑니다. 아이들이 궁금해하지는 않을까요? 그러나 이런 부분까지 고민하는 교과서 저자들은 없을 것 같습니다.

2) 문제 구성(형식)의 모호함

위의 문제를 풀어보시겠어요? 이 문제의 오른쪽 끝에 있는 네모에 어떤 수를 써 넣어야 할까요? 4739와 8526이 바로 이어져 있습니다. 1000이 4개, 1000이 8개이면, 12000이라고 생각할 수도 있습니다. 공간을 조금만 더 추가해 8526은 아랫부분에 제시했어야 합니다.

3) 중학교에서 나오는 개념을 적용해야 풀 수 있는 어려운 문제들

최근 초등 수학이 어려워졌다는 이야기를 학부모와 초등학교 선생님들에게 자주 듣습니다. 내용이 어려워진 이유가 있습니다. 실제 초등 수학 교육을 연구하는 사람들 중에 초등 수학의 내용을 조금 더 어렵게 만들어야 한다고 주장하는 일부의 연구자들 때문입니다. 조기 대수(Early Algebra)*를 통해 중학교와 고등학교에서 다루는 추상적인 연산의 구조를 일찍부터 가르쳐야 한다는 연구 논문을 발표하는 분들을 수학교육 학회에서 어렵지 않게 만날 수 있습니다. 이분들이 수학교육과정이나 교과서를 만들게 되면, 아이를 가르치는 부모와 선생님이 힘들어지고, 아이들은 더욱더 괴로워지는 것이죠. 현재 초등학교에 들어와 있는 등식의 성질이나 방정식 개념들은 모두 '조기 대수' 바람 때문입니다.

'교육'은 '과학 기술'이나 '경영학'과 같은 기타 학문에 비해 정확한 답이 없는 분야입니다. 그래서 하나의 사안을 두고 전문가들의 의견이 엇갈리는 경우를 흔하게 목도할 수 있습니다. 문제는 합의점을 찾지 못할 경우, 배가 산으로 간다는 점입니다. 게다가 만에 하나, 이런 상황에서 권위자들에 의해 독단적인 판단이 나오게 되면 배가 산꼭대기에 걸린 듯 백척간두(百尺竿頭)에 서게 됩니다.

* '조기 대수(Early Algebra)'는 양 사이의 관계의 일반화, 함수 개념이나 문자를 초등학교에 도입해 연산과 대수를 한꺼번에 다루어 초등에서 중등으로 이어가는 것을 의미합니다.

이쯤에서 우리 부모들이 초등 수학을 가르칠 수는 있어도 '잘' 가르치기 힘든 이유를 세 가지 맥락에서 살펴보겠습니다.

1. 학교 다닐 때 배웠던 그대로 가르친다

교대 진학자들에겐 초등학교 선생님이 되겠다는 목표가 뚜렷합니다. 교대에 들어갈 정도면, 고등학교 때 공부를 잘한 편일 거예요. 여러분의 자녀가 학원에 다니거나 과외를 한다면 아마도 명문대학교에서 수학을 전공한 분들을 선생님으로 모셨겠지요. 이분들도 대학에서 학문으로서의 '수학'을 공부했을 테고, 학생의 관점에서 '수학' 지도법을 연구했을 겁니다. 그런데, 이분들도 아이들을 가르치기가 쉽지 않습니다. '이중 단절(Double discontinuity)'이라는 용어를 통해 수학 교육의 어려움을 생각해보겠습니다.

학창시절 수학을 좋아했던 사람들이 수학교육과에 진학하고 예비교사가 되지요. 그런데, 교대나 사범대의 수학교육과에서는 난해한 수학을 아이들에게 친절하게 소개하는 방법보다는 그야말로 학문으로서의 '수학'을 더 많이 공부합니다. 눈망울이 초롱초롱한 아이들이 '구구단'을 어떻게 쉽게 외울 수 있을지 고민하는 대신 해석학 증명과 씨름해야 합니다. 수학교육과에 입학한 신입생들 대부분은 1학년 첫 학기부터 대학 수학의 형식적이고 학문적인 전개 방식 면에서 학창

시절 배웠던 수학과 거리감을 느끼게 됩니다. 대학 수학과 학교 수학 사이에서 첫 번째 단절을 경험하는 것이지요.

그들이 대학을 졸업하고 수학 교사가 되었을 때, 한 번 더 단절을 느끼게 됩니다. 대학에서 학습한 것과 무관한 '학생의 관점에서 느껴지는 수학'을 가르쳐야 하기 때문입니다. 이때 재미있는 것은 교대나 사범대에서 교육(training) 받은 방법이 아닌, 과거 자신이 학창시절에 수학을 학습하고 배운 대로 수학을 가르친다는 겁니다.

현대 수학교육의 아버지라 불리는 독일의 수학자이자 수학교육자 클라인(Felix Christian Klein, 1849~1925)은 수학 교사들이 학교 수학과 대학 수학 사이에서 겪는 이 같은 두 번의 갈등과 어려움을 이중 단절(Double discontinuity)이라고 표현했습니다. 교대나 사범대에서 교육(training)을 받은 전문가인 선생님조차 수학교육이 이처럼 어려운데 부모님들은 어떨까요? 모두들 비슷한 고민을 하고 계실 겁니다.

수학은 계산 방법을 기계적으로 암기하고 그대로 실행해 답만 구하면 되는 학문일까요? 우리는 내 집 식탁 위에 올리오는 채소들이 자연의 바람과 햇빛을 공급받은 신선한 것이었으면 좋겠다고 생각합니다. 물론 공장에서 기계적인 매뉴얼대로 기른 채소도 비슷하게 자랍니다. 아이들 교육도 마찬가지죠. 주입식으로 가르치고 문제를 수 없이 반복해서 풀게 하면 비슷한 문제들은 잘 풀어낼 수 있습니다. 어느 누구도 이런 방식을 문제삼지 않습니다. 수학 학원에 다니면 되고, 수학 과외를 하면 초등학교에서 보는 수학 시험에서 내내 백 점을 받아올 수 있습니다.

이때 반드시 체크하실 게 있습니다. 학교나 학원에서, 그리고 과외 시간에 자녀들이 어떤 내용을 어떻게 공부하는지 직접 확인하셔야 한다는 점입니다. 여러분의 자녀가 추상적인 공식이 난무하는 문제들로 도배된 학습지를 의미도 모른 채 기계적으로 풀고 있지는 않은지 확인해야 한다는 뜻입니다.

아이들이 공장의 인공조명을 햇빛으로 착각하면서 자란 채소처럼 되지 않게 하려면 구체적인 사물이나 모델을 통해 먼저 개념과 원리를 이해한 다음, 추상적인 수학 세계의 문을 당당하게 열 수 있도록 도와야 합니다. 어떻게 해야 할까요? 이 책에서 알려 드리겠습니다.

2. 기계적인 계산능력 VS 생각하는 힘

학교 숙제를 하던 아이가 질문을 합니다. "엄마 이 문제 어떻게 풀어요?"

$$20 \times 3 = ???$$

이후 엄마와 아이가 나눈 대화를 상상해봤습니다.

엄마: **구구단 다 외웠지? 2단을 외워볼까?**

아이: **(왜 갑자기 구구단이 나오지? 20인데 왜 2단?)**

엄마: **2, 3은?**

아이: **6이지.**

엄마: **이제 6 옆에 2 옆에 있었던 0을 쓰면 되는 거야. 신기하지?**

아이: **(갑자기 0이 왜 나타났는지 궁금해하면서 60을 적는다.)**

여러분에게도 비슷한 상황이 있었을 겁니다. 겉으로 보기에는 아무 문제가 없습니다. 답을 빨리 구할 수 있는 방법이기도 해요. 하지만, 20을 한 묶음이라고 생각하고 세 번 더해본 경험을 한 학생들과 2×3을 한 다음 뒤에 0을 붙여 답을 구한 학생들은 본질적으로 다른 곱셈을 한 것입니다.

무엇보다 20×3=60이 된다는 것을 '배'의 개념, 즉 20의 3배로 배우지 않고, 기계적인 계산법으로 배운 아이들은 60을 '육십'으로 받아들이기보다 '육영'으로 생각하게 됩니다. 학년이 올라갈수록 '자릿수' 개념에 혼란이 생길 수 있습니다.

위의 대화 상황을 고려해 상상을 이어간다면, 아마 이 엄마는 앞으로 뒤에 0이 붙은 문제가 나오면, 0을 빼고 계산한 다음에 0을 뒤에 쓰라고 가르칠 게 분명합니다. '20×30'과 같은 예를 들어가면서 2×3을 먼저 하고 뒤에 00을 붙이라고 친절하게 설명해줄 것입니다. 만일 여러분이 이 대화의 엄마와 같이 기계적인 곱셈을 알려주셨다면, 이번 주 주말에 당장 아이와 함께 마트에 가야 합니다.

마트에 가서 20개 들이 생수병 묶음을 쌓아놓고 직접 세어보게 하세요. 세 묶음이면 60개의 생수병이 있고, 서른 묶음이면 생수병이 600개라는 것을 직접 보여주시기 바랍니다. 마트에 갈 시간이 없다면, 그림을 그려서라도 알려주십시오. 생수병을 그리지 않으셔도 됩니다. 동그라미도 좋고, 네모도 좋습니다.

초등 수학에서 배워야 할 것은 기계적인 계산 방법이 아닙니다. 계산의 원리를 터득하고 수의 본질을 구체적으로 이해하는 것입니다.

2 + 3

아직도 초등 수학에서는 계산만 잘하면 된다고 생각하시나요? 위의 아주 간단한 계산 문제에서 우리가 할 수 있는 활동은 많이 있습니다. 한쪽 손의 손가락으로 다른 손의 손가락을 짚어가면서 계산을 할 수도 있고, 사탕을 이용할 수도 있습니다. 종이에 동그라미나 네모를 그려도 됩니다. 이와 같은 과정을 통해서 '2+3'의 결과가 '3+2'와 같다는 것도 알 수 있습니다.

기계적인 주입식 계산 교육이 사라진 자리는 자녀와 함께할 수 있는 활동과 생각(thinking)들로 채우면 됩니다. 그런데, 많은 분들이 자녀와 함께 '생각하는 힘'을 기를 수 있는 소중한 기회를 놓치고 있습니다.

3. 수의 본질에 대한 올바른 이해

두 자릿수 곱셈을 열심히 하던 아이가 질문합니다.

"엄마, 스마트폰에 있는 계산기를 쓰면 답이 다 나오는데, 이 계산 연습을 할 필요가 있어요?"

여러분은 어떻게 답하시겠습니까?

"수학은 첨단 과학은 물론이고 우리의 일상생활에서도 꼭 필요하단다. 그리고 앞으로 어려운 수학을 공부하기 위해서는 계산하는 방법을 꼭 익혀야 해."

자녀에게 줄 수 있는 모범답안입니다. 그런데 말해놓고도 개운하지 않습니다. 부모님 본인 역시 어린 시절 '저 어렵고 복잡한 수학을 왜 배워야 하나?'라고 의문을 품었던 적이 많으니까요. 이 의문을 해결하려면 가장 먼저 수의 본질을 알아야 합니다. 수의 본질을 이해하게 되면, 수학을 왜 배워야 하는지, 그리고 어떻게 하면 자녀들에게 수학을 '잘' 가르칠 수 있는지에 대한 힌트를 얻을 수 있습니다.

수학에서 우리가 다루는 대상은 '수'입니다. 숫자 '2'를 예로 들겠습니다. 사람 두 명, 연필 두 자루, 물 두 컵은 전혀 다른 대상이지만, 이 대상들은 공통으로 두 개, '2'라는 의미를 지닙니다. '수'는 '양'을 표현하는 추상적인 개념입니다.

사전을 보면 '추상'은 '개별의 사물이나 표상의 공통된 속성이나 관계를 뽑아내는 것'이라고 나와 있습니다. 사탕 100개를 아이들에게 주면서 사탕이 얼마나 있는지 물어보세요. "사탕 하나, 사탕 둘, 사탕 셋……." 이렇게 말하는 것보다 "사탕이 100개예요."라고 짧고 간결하게 표현할 수 있다고 알려주셔야 합니다.

실제로 인류는 물고기 한 마리와 새 한 마리를 추상적인 기호 '1'을 통해 '똑같이 하나씩'이라고 인식하는 데 수천 년이 걸렸습니다. 수는 그만큼 어려운 개념입니다. 이처럼 인간의 사고 속에 추상적으로만 존재하며, 실체가 없는 수들을 다루는 학문이 바로 수학입니다.

'2+3=5'*라는 간단한 수식에는 우리가 살고 있는 세상에 대한 정보가 아주 많이 들어 있습니다. 초코우유 2개와 빵 3개는 먹을거리 5개로 합해집니다. 비슷한 예를 우리 주변에서 얼마든지 찾을 수 있습니다. 2+3=5로 쓸 수 있지요. 수학을 공부하면, 자연스럽게 추상적이고 논리적인 사고력을 기를 수 있다는 점에서 의미가 있습니다. 중·고등학교에서 배우는 어려운 수학 개념이 아니라 초등학교 수학만으로도 충분히 사고력을 기를 수 있습니다.

* 중학교에서 나오는 이차방정식 $ax^2+bx+c=0(a\neq0)$의 근의 공식 $x=\frac{-b\pm\sqrt{b^2-4ac}}{2a}$을 통해 모든 이차방정식의 근을 구할 수 있습니다. 이차방정식의 근의 공식은 수학에서 '추상화'를 보여주는 전형적인 예가 됩니다.

구체적인 상황을 통해 연산의 개념과 원리를 다루면서 이미 아이들은 추상을 경험합니다. 초코우유 2개와 빵 3개를 더하면 모두 5개가 됩니다. 사탕 2개와 아이스크림 3개를 더해도 5개가 되지요. 다양한 상황과 예시를 통해 수식을 이해하는 것이 중요하다는 의미도 이와 비슷한 맥락입니다. 추상적 사고는 시간과 공간을 초월하는 지적 능력입니다.

여러분의 자녀에게 계산 지식을 기계적으로만 주입시키지 마시고, 다양한 사례를 통해서 수의 본질을 감각적으로 이해할 수 있는 기회를 꼭 제공해주십시오. 수학을 통해 추상적이고 논리적인 사고력을 기를 수 있을 것입니다.

4. 초등 수학 교육과정의 올바른 이해, 중·고등학교 수학과의 연계

'나선형 교육과정'이라는 말을 들어보셨을 겁니다. 나선형 교육과정은 브루너(Jerome Seymour Bruner, 1915~2016)라는 학자가 피아제(Jean Piaget, 1896~1980)의 인지 발달 이론을 바탕으로 주장한 교육내용 제시 방법입니다. 처음에는 쉬운 내용으로 시작해서 시간의 흐름에 따라 점점 높은 수준의 내용을 조직하는 교육과정입니다.

예를 들어 덧셈 뺄셈의 개념은 1학년부터 3학년까지 계속 반복해서 배우지만 내용의 수준이 점점 올라갑니다. 1학년은 한 자리 수, 2학년과 3학년에서는 각각 두 자리 수, 세 자리 수 덧셈과 뺄셈을 배웁니다. 이러한 수학교육과정의 특징 때문에 각 단계에서 연결고리가 끊어지면 수학 공부에 어려움을 느끼게 됩니다. 예를 들어 덧셈을 할 수 있어야 곱셈을 할 수 있습니다. 다음 표를 보시죠.

구분	1,2학년	3,4학년	5,6학년
수와 연산	–두 자리 수 덧셈과 뺄셈 –곱셈(곱셈구구, 한 자리 수의 곱셈)	–세 자리 수의 덧셈과 뺄셈 –자연수의 곱셈과 나눗셈 –분모가 같은 분수의 덧셈과 뺄셈 –소수의 덧셈과 뺄셈	–자연수의 혼합계산 –분모가 다른 분수의 덧셈과 뺄셈 –분수의 곱셈과 나눗셈 –소수의 곱셈과 나눗셈

이와 같은 나선형 교육과정의 특징을 다음과 같이 표현할 수 있습니다.

"계단은 한 칸씩 올라가야 하며, 계단을 오르기 위해서는 반드시 앞 계단에 올라와 있어야 합니다."

꼼꼼하고 성실하게 학습을 챙겨주는 교사나 부모와 함께 수학을 공부한 학생들은 학습을 위한 적기에 계단을 한 칸씩 잘 올라가겠지요. 하지만, 모든 아이들이 학습 시기를 체크해가면서 공부할 수 있는 게 아닙니다. 이미 바로 전 계단에 와 있어야 하는데, 아직 저 아래 있을 수도 있고, 또 한 칸씩 올라가야 하는데, 두 칸 이상씩 올라가기도 합니다. 저는 초등학교의 나선형 교육과정을 조금 다르게 해석하고 싶습니다.

수학이나 과학은 초등학교는 물론이고 중·고등학교의 교육과정도 모두 나선형으로 되어 있습니다. 1차 방정식을 배운 다음에 2차 방정식을 배우고 그다음 3차 방정식을 배우지요. 초등 수학은 '수와 연산' '도형' '측정' '자료와 가능성' '규칙성'의 5개 영역으로 되어 있습니다. 중·고등학교 수학의 영역도 크게 다르지 않습니다. 모든 영역에서 학습 내용이 나선형으로 구성된 초등 수학에서는 학습에 결손이 일어난 부분을 쉽게 찾아 충분히 연결해줄 수 있습니다. 곱셈 개념을 어려워하는 아이는 덧셈의 이해에 문제가 생겼을 수 있으므로 역 추적을 해 진단해서 채워주면 됩니다. 그런데 초등 고학년, 중·고등학교로 갈수록 공부해야 할 수학 개념이 눈덩이처럼 불어납니다.

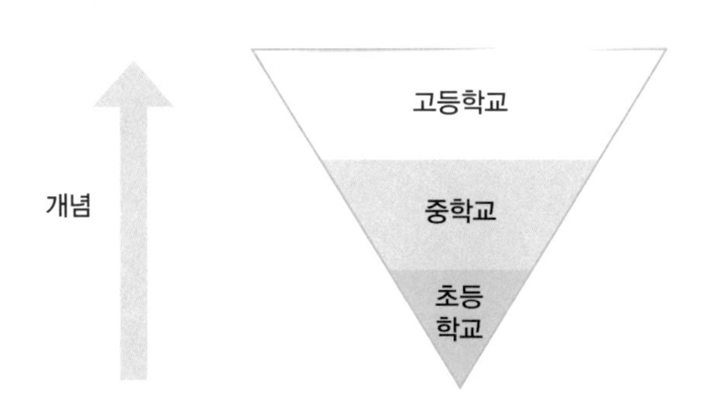

중학교, 고등학교에 가면 실수도 배워야 하고 허수도 배워야 합니다. 이들의 사칙연산은 수많은 수학 개념과 원리 중 하나입니다. 내가 무엇을 모르고 있는지 찾기조차도 어렵습니다. 그러나 초등 수학은 어떤가요? 다행스럽게도 초등학교 과정에서 다루는 수는 자연수, 분수, 소수뿐이고 이들의 사칙연산이 바로 '수와 연산' 영역 내용의 전부입니다.

초등 수학에서는 여러분이 끊어진 체인을 쉽게 찾아
비교적 간단하게 연결해줄 수 있습니다.

아래와 같은 문제가 초등 수학의 '수와 연산' 영역에서 가장 어려운 유형의 문제입니다.

$$\frac{1}{2}+\frac{2}{3}\times\frac{5}{6}-(1-\frac{1}{2})$$

분수의 사칙 연산이 섞여 있는 계산이고, 괄호도 포함되어 있기 때문입니다. 괄호 부분을 먼저 계산하고, 사칙연산 중에는 곱셈과 나눗셈을 먼저 해야 한다는 개념을 알아야 정답을 구할 수 있는 어려운 문제입니다.

자녀가 초등학교 저학년이면, 여러분은 아이의 손을 잡고 나선형 교육과정에 맞추어 계단을 하나씩 밟고 올라가면 됩니다. 고학년이라 해도 절대로 늦지 않았습니다. 몇 칸 아래에 있는 개념을 모르는지 정확하게 분석하셔서 직접 해결해주면 됩니다. 자녀의 수학 공부를 위해 하루 삼십 분만 쓰면 됩니다. 조금만 관심을 갖고 찾아보시면, 어떤 개념을 언제 다루는지 확인할 수 있습니다. 여러분은 이미 따뜻한 마음과 차가운 이성을 겸비한 수학 교육 전문가입니다.

여러분에게 한 가지만 더 요구하겠습니다. 바로 초등 수학이 중·고등학교 수학과 어떻게 '연결'되어 있는지 대략적으로라도 알고 계셔야 한다는 것입니다. 물론, 초등학교 수학 내용만 알아도 기본 개념을 알기 쉽게 설명하고, 문제 풀이도 도와줄 수 있습니다. 하지만, 이것만으로는 앞으로 중·고등학교에서도 수학을 공부할 수 있는 단단한 근육을 만들어주고 수학을 바라보는 폭넓은 관점을 갖게 하는 데 한계가 있습니다.

$$3 - 8 = ???$$

초등 저학년의 학생도 위와 같은 문제를 충분히 생각할 수 있습니다. 만일 아이가 뺄셈을 공부하다가 왜 작은 수에서 큰 수를 못 빼는지 질문한다면 어떻게 대답하시겠어요? 사실, 질문을 하지 않더라도 한 번쯤 자녀에게 물어볼 만한 내용입니다. 답을 할 때까지 기다려 주십시오. 아이들이 '모자라다' '부족하다' '더 필요하다'와 같이 대답한다면 대성공입니다. 몇 개가 부족한지 한 번 더 물어보시면 됩니다. 그 부족한 '양'이 바로 음수의 개념이니까요.

그러나 만일 음수에 대한 개념을 모르는 선생님이 되신다면, 아이에게 "뺄 수 없는 수들을 놓고 고민하지 말고, 두 수를 바꿔서 빼라."와 같은 위험한 말을 하게 됩니다. 물론, 중·고등학교 수학을 가르치라는 말이 절대 아닙니다. 다만, 앞으로 배울 수학과 어떻게 연관될지 그럴듯하고 자연스럽게 설명해주면 좋다는 말입니다. 이를 위해서 중·고등학교에서 나오는 개념들의 정확한 의미를 알면 좋겠으나, 흐름을 알고 계시는 정도로도 분명 도움이 됩니다.

수학은 수(數)를 다루는 학문입니다. 인류의 역사만큼이나 오래된 수학의 최초의 연구 대상은 자연수였습니다. 자연수는 너무도 당연한 수이기 때문에 이름도 '자연수(Natural Number)'입니다.

"God made the natural numbers; all else is the work of man."

자연수는 자비로우신 신이 창조하셨고, 나머지는 인간의 창작물이다.

수학자 크로네커(Leopold Kronecker, 1823~1891)가 남긴 유명한 말입

니다. 분수, 음수, 실수, 복소수와 같은 수는 자연수보다 한참 뒤에 만들어진 개념입니다. 이미 우리는 일찍부터 신이 창조하신 자연수를 배우고 느끼고 있는 것입니다. 수학은 발달을 거듭하고 또 거듭해 현재 전 세계의 많은 언어를 정확하게 번역해주고 있는 인공지능의 시대를 열었습니다. 물론 평범한 우리는 수학이 인공지능에 어떻게 활용되는지 알 수가 없습니다. 첨단 수학을 이해하기 위해서는 매우 어려운 전문 수학 지식이 필요하기 때문입니다. 하지만, 분명한 사실은 놀라운 수의 세계가 이미 우리가 사는 세상에 무한히 펼쳐져 있다는 것입니다. 이러한 신비로운 수학의 세계로 들어가는 문을 여러분이 열어주시기 바랍니다.

둘째 날

아이들에게 어떤 수학을 가르쳐야 할까?

배우고 배워도, 또 배우고 싶게 만드는 전략

초등 수학을 처음 접하는 아이들에게는 아주 단순한 계산도 한참 생각해봐야 할 정도로 어렵습니다.

$$2 + 3 = 5$$

위의 식에서 2, 3, 5, =와 같은 '수'와 '기호'가 무겁게 느껴집니다. 일상생활에서 사용하지 않았던 '수식'이 등장한 탓입니다. 우리가 고등학교에서 미적분을 배울 때처럼 말이죠. 아주 간단한 식 $\int_0^1 x^2dx = \frac{1}{3}$을 이해하기 위해서 인지적으로 거쳐야 하는 수많은 단계가 있었던 것처럼, 우리에게 쉽게만 보이는 초등 수학이 아이들에게는 심리적으로 많은 부담이 됩니다.

초등 수학 교육의 가장 큰 목적 중의 하나는 실생활 맥락이 어떻게 수식으로 정리될 수 있는지 알아보는 것입니다. '어려운 수식으로의 초대'라고 할까요? '수'의 본질을 구체적으로 공부하는 것은 그다음 일입니다. 먼저 실생활 맥락이 수식으로 바뀌는 놀라운 과정을 다양한 상황을 통해 직접 관찰해봐야 합니다. 이때, 실생활 맥락을 바로 수식으로 전환하면 인지적인 혼란이 발생할 수 있습니다. 실생활 맥락을 정리해주는 중간 단계인 '모델(Model)'이 필요한 배경이죠. 바둑돌과 같은 구체물이 모델이 될 수도 있으며, 상황을 정리해주는 그림이나 간단한 네모와 동그라미와 같은 도형도 좋은 모델입니다. 우리가 생각할 수 있는 모델은 많이 있습니다. 앞으로 이 책에서 그림 모델, 바둑돌 모델, 표 모델, Bond 모델, 막대 모델, 원 모델 등의 많은 모델을 다루겠습니다. 실생활 맥락을 바탕으로 구체적인 모델을 통해 추상적인 연산을 도입한다는 기본 세팅을 기억하시기 바랍니다.

우리가 살고 있는 세상은 어떻게든 수학과 관련되어 있습니다. 조금만 관심을 가지면 일상생활에 녹아 있는 수학을 자녀들과 충분히 나눌 수 있습니다. 같이 밥을 먹거나 마트에 가서 장을 보는 상황에서도 훌륭한 '수학 대화' 소재들을 찾아볼 수 있습니다. 양을 비교할 수도 있고, 가격을 비교할 수도 있습니다. 번들제품인 경우 나누기도 가능하죠? "무슨 밥 먹으면서까지 수학?"이라고 반문하시는 분들도 있을 겁니다. 저는 '수학 대화'를 통해서 자녀와 나눌 수 있는 대화의 소재들이 아주 풍성해질 수 있다는 말씀을 꼭 전하고 싶습니다.

여러분은 자녀와 어떤 대화를 하시나요? 자녀의 고민을 들어주거나 그들의 친구 관계 혹은 학교 밖 생활에 대한 이야기를 나누시나요? 혹시 사소한 잔소리로 아까운 시간을 낭비하고 있지는 않으신지요? 시간은 생각보다 빠르게 간다는 점을 명심하시기 바랍니다. 수학책을 보면서 머리를 맞대고 부모들이 아이들과 '수학 이야기'를 할 수 있는 시기는 한정되어 있습니다. 우리 아이들이 수학을 배우고 배워도 또 배우고 싶게 만드는 비법 몇 가지를 알려드리겠습니다.

1. 현실 세계를 모델링하라

피아제는 아동의 성장과정에 대한 상세한 분석을 토대로 인지 발달 이론을 정립한 학자로 유명합니다. 여러분에게도 익숙한 학자일 거예요. 피아제에 의하면, 초등학생은 구체적 조작기에 해당합니다. 이 시기에는 구체적인 사물을 통해서만 어떤 개념이나 원리를 받아들일 수 있습니다. 피아제의 교육관을 이어받은 딘즈(Zoltan Paul Dienes, 1916~2014)는 수학 개념의 형성과 관련하여 놀이 경험을 통한 학습과 다양성의 원리에 기초한 교구 사용을 강조했습니다.

피아제와 딘즈의 수학학습 원리

딘즈의 다양성의 원리는 지각적 다양성의 원리와 수학적 다양성의 원리로 나뉘는데요. 초등학교 수학의 지도에 많은 시사점을 주는 원리이므로, 조금 더 자세하게 알아보겠습니다. 먼저, 지각적 다양성의 원리는 개념이나 원리를 도입하면서 가능한 한 많은 지각적 표상을 제시해야 한다는 원리입니다. 사실, 아동마다 개념을 형성하는 과정에서 개인차가 있게 마련입니다. 지각적 다양성의 원리는 개인차를 고려해주는 교수 원리이기도 합니다. 한편, 수학적 다양성의 원리는 개념에 포함되어 있는 변인을 여러 가지로 변화시켜가면서 본질적인 의미를 터득하는 것입니다.

네덜란드의 수학자이자 수학교육자였던 프로이덴탈(Hans Freudenthal, 1905~1990)은 현실 상황을 어떻게 수학교육에 이용할 수 있는지 연구하여 구체적인 방법론을 제시한 선구자로 인정받습니다. 4년마다 개최되는 국제수학교육자대회(ICME)에서 수여되는 가장 권위 있는 두 개의 메달(Awards Medal)이 있는데요. 클라인 메달(Klein Medal)*과 프로이덴탈 메달(Freudenthal Medal)이 바로 그것입니다. 그만큼 프로이덴탈이 현대 수학교육에 미친 영향이 크다는 의미겠지요.

프로이덴탈이 제시한 방법은 현실주의 수학교육 원리(RME)**이며, '실생활 현상 ⇨ 수학적 개념, 원리, 법칙 ⇨ 실생활 현상에 다시 응

* 클라인은 이미 '이중 단절'을 소개하면서 말씀드린 독일의 수학자이자 수학교육자입니다.

** Freudenthal, H. (1991). Revisiting mathematics education. Dordrecht: Kluwer Academic Publishers.

용'의 순환 고리로 연결되는 교수학습 원리입니다. 그의 이론은 네덜란드를 비롯한 유럽 곳곳에서 지금도 활발하게 연구되고 있습니다. 제가 대학원 석사과정과 박사과정에서 10여 년간 주로 공부한 것이 시각적 표상과 수학 문제 해결의 연결성에 관한 내용인데요. 이때 참고했던 많은 논문들은 주로 프로이덴탈의 현실주의 수학교육 원리를 반영한 것들이었습니다.

최근 많이 회자되고 있는 융합교육(STEAM)이나 수학적 모델링(Mathematical Modelling)과 같은 새로운 교수학습 원리들도 프로이덴탈의 현실주의 수학교육 원리와 맥락을 같이한다고 볼 수 있어요. 프로이덴탈을 비롯해 많은 학자들이 제시한 이론을 종합하여 다음과 같은 모형을 생각할 수 있습니다.

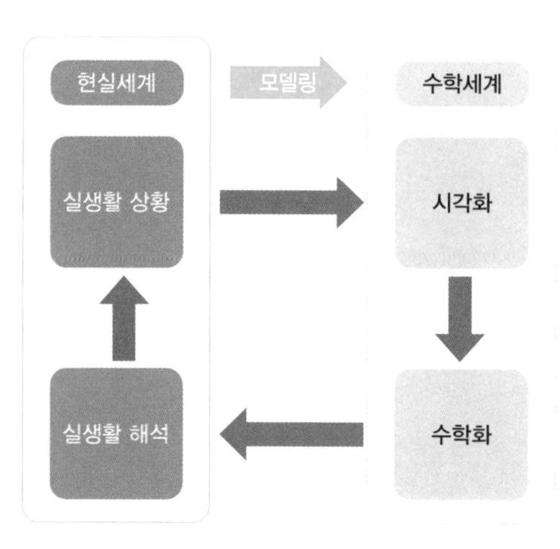

현실주의 수학교육 모형

앞의 모형에서는 현실 세계의 상황이 수학의 상황으로 모델링되는 것이 핵심입니다. 수학의 세계로 들어가는 관문은 두 개가 있습니다. 첫 번째가 시각화이고 두 번째가 수학화입니다. 각각의 단계에는 모델이 필요합니다. 시각화에 필요한 모델이 시각적 모델입니다. 시각적 모델에는 수식이 없습니다. 그다음 수식을 통한 수학화에 이르러 실생활 상황이 정리됩니다. 우리는 이 수식을 통해 실생활 상황에 적용해 문제를 해결하기도 하며, 더 깊고 풍부한 수학의 원리를 깨닫기도 합니다.

전체의 과정에서 학생들에게 꼭 필요한 것은 바로 모델입니다. 물론 실생활 상황을 수식으로 바로 정리할 수도 있지만, 전문 수학자들도 중간 단계인 모델을 토대로 수식을 도출합니다. 대표적인 예로 의학에서 수학적 모델링 과정이 있습니다. 충분히 예상할 수 있듯이 의학 연구에는 수학이 많이 활용됩니다. 특히 우리 사회에 문제가 되고 있는 감염병을 해석하고 신약을 개발하려면 상황을 모델링하는 과정이 필수적인데요. 따라서 미국의 많은 의대에서 순수 수학자들이 교수로 활동하고 있으며, 《네이처*Nature*》《사이언스*Science*》《셀*Cell*》과 같은 전문 학술지에 발표된 의학 논문의 공저자에는 수학자들이 꼭 포함되어 있습니다.

역사적으로도 수학은 실생활의 문제를 해결하기 위한 수단이자, 물리학이나 천문학과 같은 여러 학문의 필요에 따라 발전해왔습니다. 이러한 역사적인 발달의 원리는 수학 학습에도 동일하게 적용됩니다.

이제 피아제, 딘즈, 프로이덴탈은 물론 이들의 이론을 발전시킨 많은 학자들의 수학 교수-학습 방법을 종합해 초등 수학 지도 원칙을 제시하겠습니다. 초등 수학 3단계 지도법입니다.

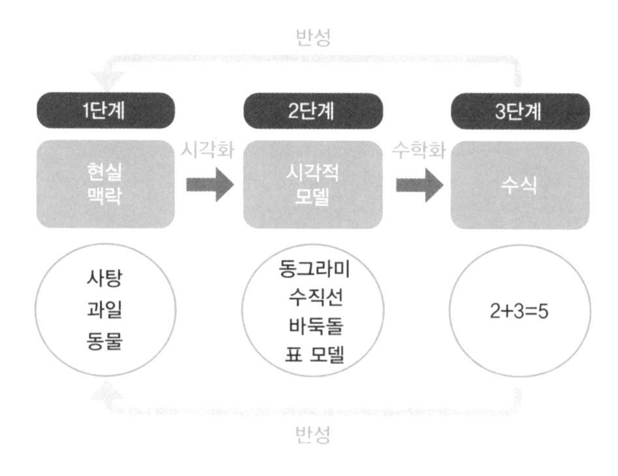

초등 수학 3단계 지도법

1) 1단계 ⇨ 2단계 (시각화)

언제나 출발은 현실에 기반을 둡니다. 추상적인 수학은 늘 실생활과 관련되어야 하기 때문입니다. 아이들이 좋아하는 사탕이나 과일, 동물과 같은 다양한 예를 들어주면 됩니다. 실생활 맥락은 동그라미나 네모 같은 도형이나 표, 그림을 이용해 시각화할 수 있습니다. 경우에 따라서 바둑돌과 같은 구체물을 이용해도 됩니다. 현실 맥락이 처음 모습과 다른 모델로 전환되었죠? 지각적 다양성의 원리에 따라 여러 모델을 사용하는 것을 추천합니다.

2) 2단계 ⇨ 3단계 (수학화)

현실 맥락을 바로 수식으로 가져올 수도 있습니다. 사탕 두 개와 세 개를 더해 사탕 다섯 개가 되는 것을 이용해 2+3=5를 이끌어내도 됩니다. 하지만 이때 모델이 필요한 이유를 재고해야 합니다. 모델은 패턴을 발견할 수 있도록 도와주죠. 여러 모델에서 공통의 패턴을 발견하면 추상적인 수식을 조금 더 자연스럽게 받아들일 수 있습니다. 모델의 세계에서 추상적인 수식의 세계로 이동하는 과정이 바로 수학화입니다.

3) 3단계 ⇨ 1단계 (반성)

드디어 시각화와 수학화의 과정을 거쳐 추상적인 수식을 이끌어냈습니다. 하지만, 끝난 것이 아닙니다. 다시 현실에 반영해 또 다른 예를 생각해봐야 합니다. 문제 해결 단계에서 이 단계를 반성(Reflection)이라고 합니다. 예들 들어 2+3=5를 다시 현실에 반영해 시각화, 수학화를 통해 3+2=5, 5-3=2, 5-2=3과 같이 본질적으로는 같은 구조를 발견하는 것이지요. 딘즈가 말한 수학적 다양성의 원리이기도 합니다.

4) 수학적 연결성

3단계 지도법은 수학의 여러 영역에 동시에 적용할 수 있는 지도방법입니다. 수학은 각 영역이 분리되어 있기도 하지만, 아주 밀접하게 관련되어 있습니다. 이를 수학적 연결성(Mathematical connection)이라고 합니다. 하나의 개념은 또 다른 개념과 어떻게든 연결되어 있지요. 이들의 관계를 제시해주면 다양한 관점에서 수학을 이해할 수 있게 됩니다.

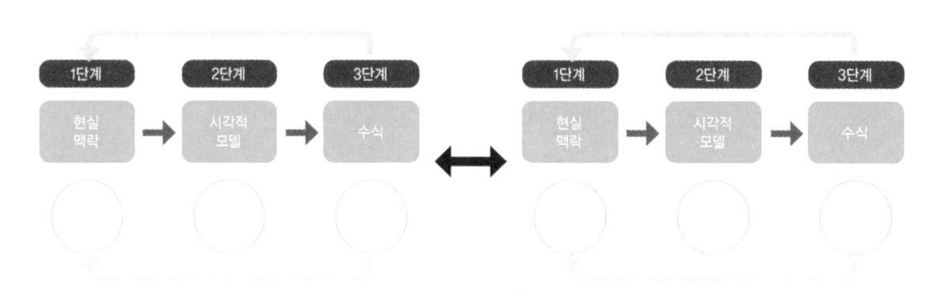

수학적 연결성

2. 모델을 통한 패턴의 발견

수학은 패턴의 학문입니다. 초등학교는 물론이고 중학교와 고등학교에서 배우는 많은 수학 내용에서도 패턴이 발견됩니다. 패턴을 시각적으로 찾고, 수식을 통해 표현할 수 있는 학생들은 복잡한 문제 해결까지 어렵지 않게 나아갈 수 있습니다. 뒤에서 다루겠지만, 많은 학생들이 문장제 문제(Word Problcm)를 어려워하는 이유도 언어 해석의 문제라기보다 주어진 조건들을 시각화하는 과정에서 문제가 있기 때문입니다.

상황을 시각적으로 정리해 패턴을 발견하는 연습은 일찍 시작할수록 좋습니다. 일상생활에서 경험하는 다양한 상황을 시각적으로 꾸준히 표현해본 경험이 있는 아이들은 수학 개념을 다양한 표현을 통해 이해하며, 문제를 보다 수월하게 해결합니다. 이런 습관은 초등학교 시절부터 길러주어야 합니다.

아래의 그림은 연산의 기본 원리를 이해할 수 있는 Bond 모델입니다. Bond 모델을 사용하면, 숫자를 쪼개고 붙이면서 덧셈, 뺄셈, 곱셈, 나눗셈의 원리와 패턴을 발견할 수 있습니다.

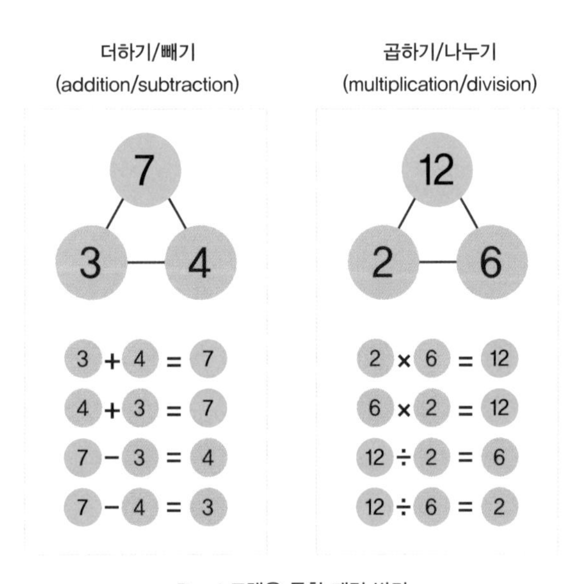

Bond 모델을 통한 패턴 발견

먼저 위의 그림처럼 삼각형 모양의 Bond를 그리고 맨 윗부분에 가장 큰 수를 쓰면 됩니다. 출발 지점을 다르게 하여 시계 방향과 반시계 방향으로 숫자를 돌려가면서 덧셈/뺄셈, 곱셈/나눗셈의 패턴을 발견할 수 있습니다.

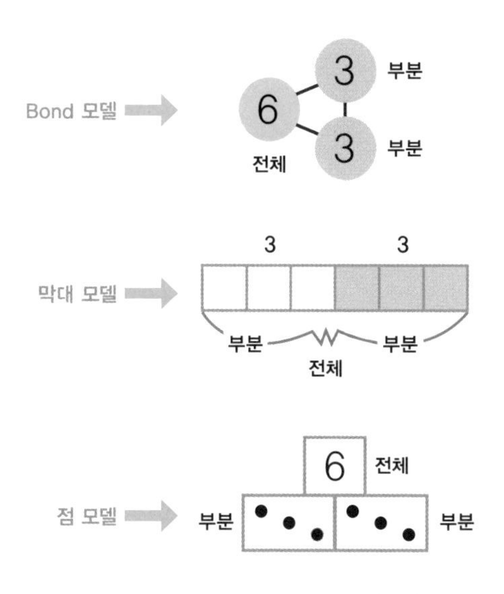

위의 그림에서 Bond 모델, 막대 모델, 점 모델을 통해 덧셈, 뺄셈의 패턴을 발견하는 과정을 확인할 수 있습니다. 모델을 통해 현실 세계를 충분히 경험했다면, 드디어 수학의 세계로 진입하기 위한 준비가 끝났습니다. 기호를 하나씩 더듬어가면서 천천히 도입을 합니다. 결국, 수식도 모델과 마찬가지로 현실 세계를 표현하기 위한 하나의 방법입니다. 아이들은 수학을 통해 세상을 표현하는 또 다른 방법을 조금씩 알아가게 됩니다.

시각화 단계를 확실히 거쳤다면, 수학화 단계에 이르러 수학이 신기한 마술이 될 테지만, 우리 아이들은 실생활 상황이나 모델을 충분히 경험하지 못하고 있습니다. 학교에서는 칠판이나 컴퓨터 화면을

번갈아보다가 수업이 끝나기 일쑤고, 학원 수업도 문제가 나열된 학습지만 풀다가 끝납니다. 집에서도 숙제로 제시된 문제들을 붙잡고 있어야 합니다. 모두 기계적 계산을 강요하는 상황인데요. 이렇게 되면 생각하는 힘을 기르기 어렵습니다. 문제를 열심히 잘 풀고 있다고 수학 나무가 잘 자라고 있는 것이 아닙니다. 사고력이 결핍되면, 시간이 갈수록 수학 학습이 점점 어렵게 느껴질 수 있습니다. 이제부터라도 자녀들에게 1,2단계를 많이 경험시켜주세요. 이 책의 2부에서 다양한 모델을 통해 시각화와 수학화를 경험할 수 있는 예들을 제시하겠습니다.

3. 반성(Reflection)

반성은 시각화, 수학화를 통해 개념을 이해한 다음, 다시 실생활 맥락을 들여다보는 것입니다. 실생활 맥락을 통해 수식을 도입하는 경우는 흔하지만, 수식을 일상생활로 가져오는 연습은 그리 많이 하지 않습니다. 반성 활동을 위해 가장 좋은 방법이 문제 만들기(Problem Posing)입니다. 수식을 보고, 이 수식의 조건을 변형한 새로운 문제를 만들어보는 것이지요. 문제 만들기는 뒤에서 다시 설명하겠습니다. 물론 실생활 맥락이 출발점입니다. 3단계 지도는 순환적으로 이루어져 보다 견고한 수학 학습으로 정착되는 것을 돕습니다.

3단계 지도법 예시

학습 내용: 나눗셈 (12 ÷ 2 = 6)

전체적인 3단계 학습 구조

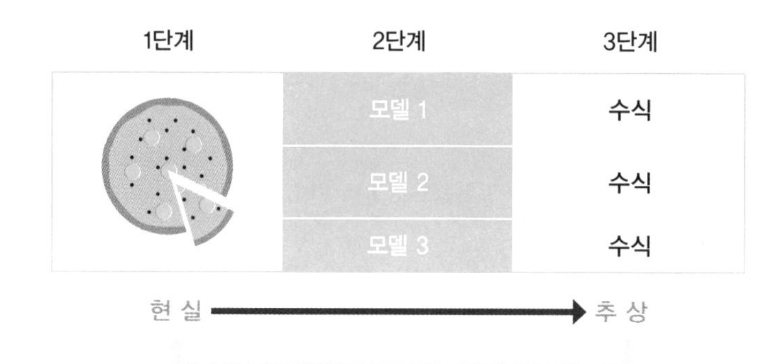

제1단계: 실생활 맥락

피자 12조각을 친구 2명이서 똑같이 나누어 먹으려고 할 때, 몇 조각씩 먹을 수 있는가?

제2단계 모델(1): 표 모델

종이를 오려서 접어봐도 됩니다. 피자를 먹는 실생활의 맥락과는 전혀 다른 시각적인 모델입니다. 피자를 그대로 쓰는 것보다는 다양한 자극을 주기 위해 여러 가지 다른 모델을 이용하는 것이 좋습니다.

제3단계: 수식

나눗셈 12개를 2 묶음으로 나누면 6개씩 묶인다.

⇨ $12 \div 2 = 6$

곱셈과 연결 6개씩 2묶음은 12개이다.

⇨ $6 + 6 = 12$

⇨ $6 \times 2 = 12$

제2단계 모델(2): 바둑돌 모델

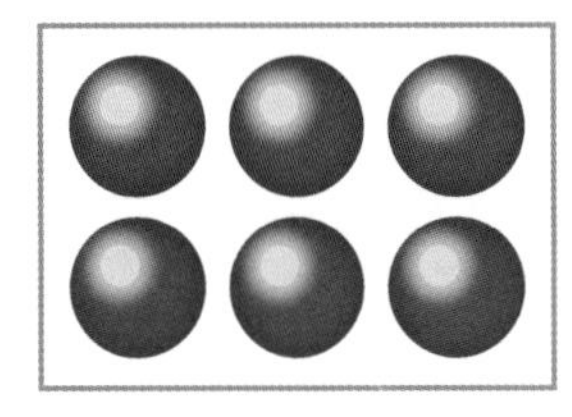

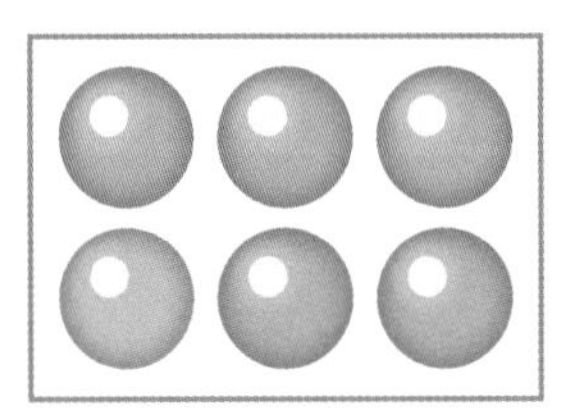

제3단계: 수식

나눗셈 12개를 2 묶음으로 나누면 6개씩 묶인다.

⇨ $12 \div 2 = 6$

곱셈과 연결 6개씩 2묶음은 12개이다.

⇨ $6 + 6 = 12$

⇨ $6 \times 2 = 12$

제2단계 모델(3): Bond 모델

12 12

2 6 2 6

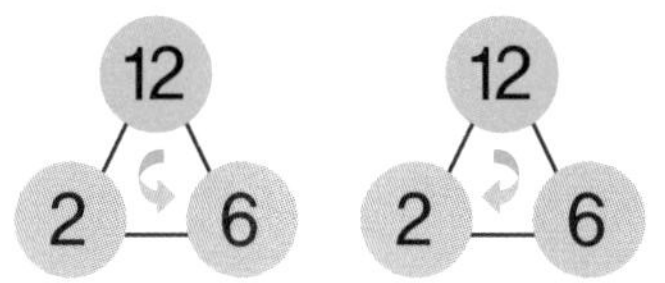

제3단계: 수식

곱셈

⇨ $2 \times 6 = 12$

⇨ $6 \times 2 = 12$

나눗셈

⇨ $12 \div 2 = 6$

⇨ $12 \div 6 = 2$

반성(Reflection)

그다음 단계는 다시 맥락으로 돌아가는 것입니다. 처음의 상황과는 다른 상황을 생각해보는 겁니다. 사람 수, 피자 조각 수 등의 조건을 바꿔보는 거죠. 문제 만들기(Problem Posing)를 해야 합니다. 주어진 문제 상황과는 또 다른 새로운 상황으로 확장합니다.

새로운 문제

피자 18조각을 친구 3명이서 똑같이 나누어 먹으려고 할 때, 몇 조각씩 먹을 수 있는가?

새로운 문제 해결을 위한 기존의 모델 수정

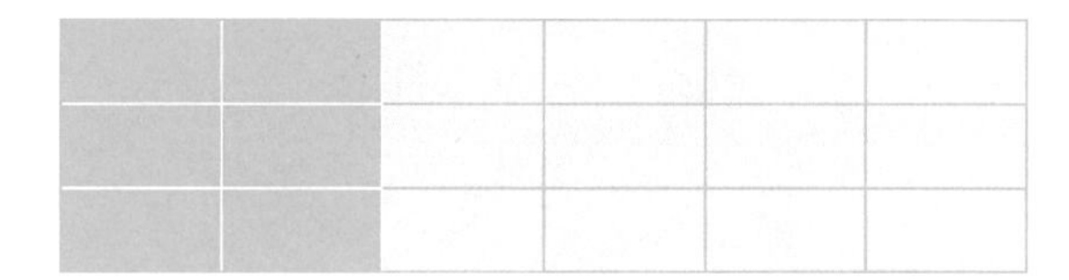

〈표 모델 수정〉

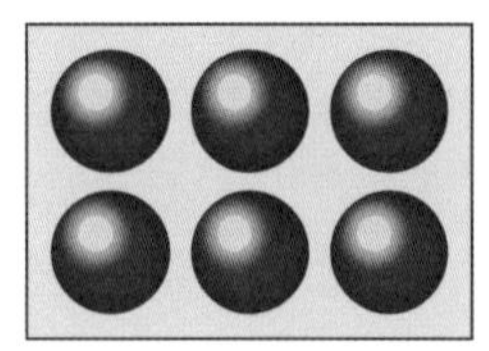
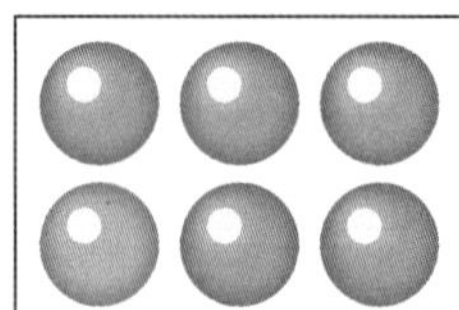
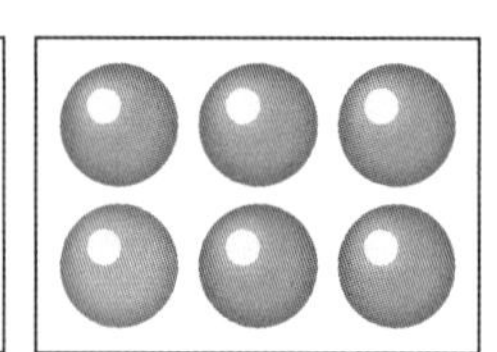

〈바둑돌 모델 수정〉

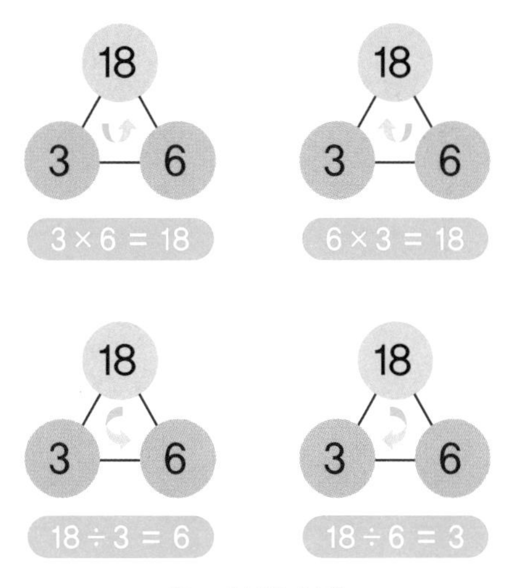

〈Bond 모델 수정〉

수학적 연결성을 통해 곱셈과 나눗셈을 넓이의 개념*과 연결해 가르칠 수도 있습니다. 피자에서 시작된 상황이 나눗셈, 넓이의 개념까지 왔습니다. 수학교육을 다룬 수많은 논문들은 실생활 맥락을 통한 개념 지도를 강조합니다. 그런데 안타깝게도 수학교과서나 학교 현장에서는 연구 결과가 유의미하게 반영되지 않는 형편입니다. 연구자들은 연구만 하고, 정책을 담당하는 교육부는 이론에만 관심이 있고, 학교나 학원에서는 진도 나가기에만 급급한 게 현실이지요. 결국 이 책을 읽고 있는 부모님들께서 자녀들의 수학 공부에서 실생활 맥락을 짚어주고, 모델을 통해 패턴을 발견할 수 있도록 도와줘야 합니다.

* 다섯째 날. 곱셈 편에서 다루겠습니다.

4. 작은 성공 경험

신규 교사 시절, 야간학교에서 나이가 지긋하신 어르신들을 가르치는 봉사활동을 일 년 정도 했습니다. 초등학교와 중학교 검정고시 반에서 수학을 가르쳤죠. 세월이 흘러 다시 든 연필과 수학책이 아마도 어르신들에게는 무척 낯설게 느껴졌을 것입니다. 당시 야간학교의 재정이 어려워 여름엔 선풍기를 틀고 수업했던 기억이 납니다. 늦은 시간, 야간학교에 나오셔서 수학책을 펴고 공부하신 것만으로도 이 분들은 이미 작은 성공을 하셨다고 생각합니다.

저는 어떻게 하면 어려운 수학을 재미있게 가르치고 또 어르신들이 계속 공부를 하고 싶게 만들 수 있을지 고민을 많이 했습니다. 그러다가 생각해낸 것이 바로 "참 잘했어요." 도장입니다. 한 시간 수업의 절반 정도만 수업을 하고, 나머지 시간에 쪽지시험을 봤습니다. 아주 쉬운 문제들로 구성된 문제 몇 개를 공책에 적어 그날그날 푸는 과제를 내고 채점을 해드렸습니다. 대부분 잘 푸셨고, "참 잘했어요." 도장을 모든 분께 찍어드릴 수 있어서 기뻤습니다. 수학 문제 풀이가 점점 쌓이고 도장의 개수도 늘어갔죠.

한 학기를 마치고, 어르신들과 함께한 식사자리에서 '도장' 때문에 수학공부를 더 열심히 했다는 말을 들었습니다. '도장'은 수학 시간마다 경험했던 어르신들의 작은 성취였던 것이지요. 저는 교직 생활을 처음 시작하면서 야학의 어르신들을 통해 경험적인 교수학적 지식을 터득했습니다. 그리고 제가 가르쳤던 중학교 학생들에게도 적용해봤습니다. 수학에 대한 흥미나 태도 면에서 그리고 무엇보다 학업 성취도에서 큰 발전이 있었습니다. 특히 수학을 잘하지 못하거나 흥미를 느끼지 못하는 학생들에게 많은 도움이 되었습니다.

여러분의 자녀들에게도 '도장'이 필요합니다. 여기서 도장은 '작은 성공의 표상'을 의미하니까요. 아이들에게 작은 성공의 기회를 제공하고 반드시 보상해주시기 바랍니다. 도장을 찍어주면서 따뜻한 격려의 말도 함께해주세요. '작은 성공의 반복'이 수학 학습을 위한 내적 동기를 제공할 것입니다. 다른 모든 일에서 그렇듯이 말입니다.

5. 수학은 진짜 아름다운가?

물리학자이자 수학자였던 리처드 파인만(Richard Phillips Feynman, 1918~1988)은 "수학을 모르는 사람은 진정한 아름다움을 알 수 없다." 라고 말했습니다. 이처럼 수학자들은 본질적으로 수학에서 아름다움을 찾습니다. 수학자들 중에는 단 한 문제를 풀기 위해 평생을 바치기도 하는데요. 딱딱하고 무미건조한 수식에서 아름다움을 찾기 위해서 그렇게 합니다. 여러분은 어떻게 수학이 아름다울 수 있는지 궁금하실 수도 있습니다.

아름다운 예술작품을 감상할 때만 아름다움을 느낄 수 있는 것이 아닙니다. 추상적인 수학에도 분명히 아름다움이 숨어 있습니다. 수학자만 찾을 수 있는 아름다움이 아닙니다. 고대 그리스인들은 음악을 수학의 범주로 이해했습니다. 음악과 수학에서 느낄 수 있는 아름다움은 뿌리가 같을까요? 우리가 음악이나 그림과 같은 예술작품이 왜 아름다운지 설명할 수 없는 것처럼 수학의 아름다움을 말로 설명하기는 어렵습니다.

음악가는 소리로 아름다움을 표현하고 화가는 그림으로 표현하지요. 수학자들은 수식을 이용해 자연의 아름다움을 표현합니다. 우리가 단지 느끼지 못할 뿐이죠. 아름다움에는 여러 가지 얼굴이 있으니까요.

아이들은 초등 수학을 통해 이제까지 느끼지 못했던 아름다운 수식을 발견하게 됩니다. 숫자 2를 3번 더한 값은 숫자 3을 2번 더한 값과 같지요. 그리고 분수 $\frac{5}{10}$는 $\frac{1}{2}$과 같습니다. 어떤 원이 있어도 원의 지름에 3을 곱하면 원둘레의 길이를 대략적으로 구할 수 있습니다.

$$2+2+2 = 3+3$$

$$\frac{5}{10} = \frac{1}{2}$$

원의 지름 × 3 = 원의 둘레 길이

위의 수식들이 너무나 당연하다고 생각하시나요? 짧은 식에 수많은 사례의 여러 가지 의미가 축약되어 있는 아름다운 수식들입니다. 학년이 올라갈수록 더 아름다운 수식이 우리를 기다리고 있습니다. 누구와 어떤 방법으로 수학을 공부하는지에 따라서 이들이 경험하는 수학의 모습은 천차만별입니다. 기계적인 문제 풀이만 한 아이들은 실생활의 다양한 상황이 동일한 단 한 줄의 수식으로 정리되는 놀라운 일을 경험하기 힘듭니다. 간결한 수식에 숨어 있는 아름다운 초등 수학의 원리를 이제 새로운 시각으로 바라보고 여러분의 자녀와 함께 발견해보시기 바랍니다.

중학교 수학을 공부하기 전에 꼭 터득해야 할 것들

초등 수학에서 다루는 개념이나 수학적인 원리는 어렵지 않습니다. 설령 개념이나 원리를 모른다고 해도 문제를 풀 수 있습니다. 문제 해결의 절차가 복잡하지 않기 때문입니다. 잔잔하고 고요한 호수라고 할까요? 작은 오리배 하나만 있어도 충분히 스스로 페달을 밟아 호수를 건널 수 있습니다.

그러나 중학교로 고등학교로 상급으로 올라갈수록 수학 개념이 폭증하게 됩니다. 이때가 바로 아이들이 초등 수학의 담을 넘어 드넓은 바다로 나아가는 순간이죠. 수많은 수학의 원리와 사람의 이름까지 들어간 법칙들이 파도처럼 끊임없이 밀려와 정신없이 부서집니다. 문제의 해법이 복잡해지고 개념을 모르면 풀 수 없는 문제들이 대폭 늘어납니다. 이제 오리배로는 충분하지 않습니다. 더 크고 튼튼한 배를 바다에 띄워야 하겠지요. 그러나 이 배는 중학교에 올라가서 급히 만드는 것이 아닙니다. 여러분이 자녀들과 함께 미리 만들어놓아야 합니다.

완성품을 만들라고 재촉하는 건 아닙니다. 틀을 만들어놓으라는 뜻인데요. 물론 이때의 틀은 정성과 시간을 들여 만든 견고한 것이어야 합니다. 중·고등학교의 수학 바다를 떠다니며, 아이들은 여러분들과 만들어놓은 틀을 보다 견고하게 조금씩 키워나가게 됩니다. 더 넓은 세상으로 나가기 위한 기본 틀 내지는 견고한 그릇을 만드는 몇 가지 방법을 알려드립니다.

1. 귀납: 질서와 패턴 찾기

수학 학습은 그 자체로도 중요하지만, 다른 과목의 학습에도 영향을 주게 됩니다. 대체로 수학을 잘하는 학생은 다른 과목의 성취도도 높게 마련인데요. 그 이유 중 하나가 공부를 해나가는 방법, 문제를 푸는 방법을 수학 학습을 통해 터득할 수 있기 때문입니다.

수학도 그렇고, 과학도 마찬가지입니다. 많은 분야에서 진리를 발견하기 위해 가설을 세우고 실험을 하지요. 실험 결과를 분석해 질서와 패턴을 발견하는 것입니다. 이와 같은 추론 방법을 '귀납'이라고 합니다. 귀납은 수학에서도 많이 활용되고 있습니다. 문제를 해결하려면 주어진 사례들을 유심히 관찰해서 패턴을 찾아내야 하거든요. 다음과 같은 문제들을 통해 귀납이란 무엇인지 알아보겠습니다.

[문제 1]

사과, 배, 사과, 배, 배, 사과, 배, 배, 배, (　　) ……

(　　)에 들어갈 과일 이름은?

[풀이] 하나씩 확인하면서 찾아야 합니다. 특히 저학년에서 요구되는 추론 방법입니다. 사과가 한 번 나오고 배가 한 번, 두 번, 세 번씩 늘어나는 패턴입니다. (　)에는 사과가 들어갈 차례입니다.

[문제 2] **1, 2, 4, 7, 11, 16, (　), 29 ……**

위의 (　)에 들어갈 수는?

[풀이] 수가 하나씩 늘어날수록 1, 2, 3, 4, 5 ……씩 증가하는 패턴입니다. (　)에 들어갈 수는 16+6=22입니다.

[문제 3] **1, 3, 5, 7, 9, 11, 13, 15, ……, (　), ……**

80번째 나오는 수를 구하세요.

[풀이] 직접 수를 나열해가면서 80번째까지 구하는 것도 하나의 방법입니다. 어렵다고, 지루하다고 중간에서 포기하면 안 됩니다. 80번째까지 천천히 수를 나열해봐도 5분 정도면 해결됩니다.

나열된 수들은 모두 홀수입니다. 첫 번째 나오는 홀수는 1, 두 번째 나오는 홀수는 $2\times2-1$, 세 번째 나오는 홀수는 $2\times3-1$, … 이므로, n 번째 나오는 홀수는 $2\times n-1$을 계산하면 됩니다. 즉 이 문제의 답은 $2\times80-1=160-1=159$ 입니다.

[문제 4] **1+3+5+7+9+ … +17+19의 값을 구하시오.**

[풀이] 마찬가지로 자녀와 함께 직접 모든 수를 더해가는 것도 좋은 방법입니다. 조금 더 신선한 방법이 있습니다. 아래의 그림을 확인해 보시죠.

$$1 = 1\times1$$
$$1+3 = 2\times2$$
$$1+3+5 = 3\times3$$
$$1+3+5+7 = 4\times4$$

결국 연속된 홀수가 몇 개인지(☆개)를 구한다음 ☆×☆를 하면 됩니다. 1부터 19까지는 모두 10개의 홀수가 있으므로, 답은 $10\times10=100$ 입니다. 식이 어렵지만, 아래의 그림으로 쉽게 설명할 수 있습니다. 왼쪽 맨아래의 정사각형에 있는 점의 개수(1)에서 시작해 더해지는 홀수가 그다음 정사각형을 만듭니다.

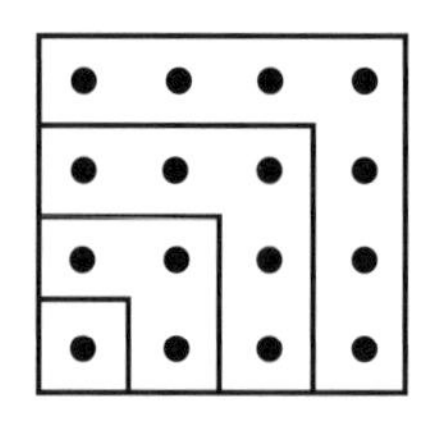

결국, 연속된 홀수의 합은 홀수의 개수를 두 번 곱한 값(제곱수)과 같다는 패턴을 발견할 수 있습니다.

[문제 5] $\frac{1}{2}+\frac{1}{4}+\frac{1}{8}+\frac{1}{16}+\frac{1}{32}+\cdots$ **의 값을 구하시오.**

[풀이] 초등학생들에게는 매우 어려운 문제입니다. 무한히 더하는 것은 불가능하기 때문에 귀납적으로 적당한 값까지 더한 다음 패턴을 봐야 합니다. 더해갈수록 그 값이 점점 1에 가까워진다는 것을 확인할 수 있습니다. 그림으로 이해하면 더 쉽습니다. 넓이가 1인 정사각형을 계속 반으로 나누면 되거든요.

$$\frac{1}{2}+\frac{1}{4}+\frac{1}{8}+\frac{1}{16}+\frac{1}{32}+\cdots=1$$

[문제 6] 1부터 100까지의 합, 1+3+5+ … +100을 구하시오.

[풀이] 가우스가 어린 나이에 1부터 100까지 합을 다음과 같은 계산식으로 구했다고 합니다.

$x=$	1	+2	+3	+4	+ …	+97	+98	+99	+100
$x=$	100	+99	+98	+97	+ …	+4	+3	+2	+1
$2x=$	101	+101	+101	+101	+ …	+101	+101	+101	+101

$$2x = 100 \times 101$$

$$x = \frac{100 \times 101}{2}$$

$$= 5050$$

가우스가 찾은 패턴은 101입니다.

[문제 7]

$$\begin{array}{r} ★\ ○\ ○ \\ -\quad △\ ★ \\ \hline △\ ★\ ★ \end{array}$$

★, ○, △는 한 자리 자연수이고 위의 식이 성립한다고 할 때, 이 수들을 모두 구하시오.

[풀이] ★, ○, △은 한 자리 자연수입니다. 가장 큰 자리수인 ★를 특정한 숫자로 고정해서 ○, △를 생각해보는 겁니다. ★=1부터 시작해봅시다. ★=1을 식에 넣어보죠.

$$\begin{array}{r} 1\,\bigcirc\,\bigcirc \\ -\quad \triangle\,1 \\ \hline \triangle\,1\,1 \end{array}$$

일의 자리를 보니 ○=2가 되며, 십의 자리에서 △= 1이 되어야 하는데, 백의 자리의 뺄셈을 해보니, △= 1이 맞군요. ★= 1, ○= 2, △= 1이 됩니다. 이제 ★= 2로 위 과정을 반복해봅시다. ★= 2를 식에 넣어보죠.

$$\begin{array}{r} 2\,\bigcirc\,\bigcirc \\ -\quad \triangle\,2 \\ \hline \triangle\,2\,2 \end{array}$$

일의 자리를 보니 ○= 4가 되며, 십의 자리에서 △= 2가 되어야 하는데, 백의 자리의 뺄셈을 해보니, △= 2가 맞군요. ★= 2, ○= 4, △= 2가 됩니다. 이제 ★= 3으로 다시 시작해봅니다.

$$\begin{array}{r} 3\ \circ\ \circ \\ -\quad \triangle\ 3 \\ \hline \triangle\ 3\ 3 \end{array}$$

★=3, ○=6, △=3의 조합이 나옵니다. 같은 방법으로 ★=4, ○=8, △=4의 조합도 가능합니다.

그러므로 답은 ★=1, ○=2, △=1의 조합, ★=2, ○=4, △=2의 조합, ★=3, ○=6, △=3의 조합, ★=4, ○=8, △=4의 조합입니다.

★=5이상이 되면, 문제의 조건에 맞는 자연수 조합이 나오지 않습니다.

$$\begin{array}{r} 5\ \circ\ \circ \\ -\quad \triangle\ 5 \\ \hline \triangle\ 5\ 5 \end{array}$$

위 식에서 일의 자리를 보면 한 자리 자연수 ○를 찾을 수 없기 때문입니다.

귀납을 통해 패턴을 발견하는 대표적인 문제라고 할 수 있습니다. 이 문제를 보는 아이들의 반응은 크게 두 가지입니다. 숫자로 나와 있지 않기 때문에 어떻게 답을 구할지 전혀 모르는 유형과 1부터 9까지 임의로 넣어보면서 찾아가는 유형으로 나뉩니다.

도형에서만 기하학적인 패턴을 발견할 수 있는 것이 아닙니다. 우리는 수식에서도 충분히 수학의 패턴을 느낄 수 있습니다. 가우스가 발견했던 101이라는 수, 분수를 무한히 더하는 과정에서 발견한 정사각형과 같이 말이죠. 삼각형의 넓이는 왜 밑변에서 높이를 곱한 다음 2로 나누어야 하는지를 공식으로 외운 아이와 사각형을 반으로 나누면 삼각형이 되고, 넓이 또한 반이 된다는 원리를 패턴으로 이해한 아이들은 이미 수학과 세상을 이해하는 틀이 다릅니다.

2. 추상화와 일반화

수학은 '추상적'인 수와 수식을 다룬다고 이미 여러 차례 말씀드렸죠. 연필 2자루와 3자루를 더하면 연필은 모두 몇 자루가 되나요? 연필로 직접 실험을 해보시거나 모델을 활용해도 됩니다. 그렇다면, 지우개 2개와 3개를 더하면 모두 몇 개인가요? 두 상황에서 모두 답은 5개입니다. 무수히 많은 사례들이 수식 '2+3=5'에 들어가 있습니다. '추상화'의 놀라운 비밀입니다.

수학이 어려운 이유는 일상용어로 된 다른 여러 과목과 달리 추상화 된 수식을 다루고 있기 때문입니다. 물이 끓는 온도가 몇 도이죠? 과학에서는 실험으로 100도라는 것을 보여주면 됩니다. 사회 시간에는 지도를 통해 중국의 수도가 베이징이라는 것을 확인할 수 있습니다. 하지만, 수학적 사고과정은 결이 약간 다릅니다.

수학에서 다루는 '수'는 이미 다양한 맥락이 추상화된 것인데, 중학교 1학년에서 본격적으로 문자가 도입되면서 수가 한 번 더 문자로 추상화됩니다. 덧셈의 교환법칙 '2+3=3+2'라는 식은 모든 수에 적용되는 불변의 원리입니다. 그래서 모든 수 a, b에 대해 $a+b=b+a$로 표현합니다. 특수한 수에서 적용되는 원리가 모든 수로 확장되었다고 해서 이와 같은 두 번째 추상화를 '일반화(generalization)'* 라고 합니다.

초등학교 학생들에게 문자를 도입해 일반화를 설명할 수는 없습니다. 다만, 4+5=5+4와 같은 또 다른 사례를 토대로 교환법칙의 구조를 이해할 필요는 있습니다. 등호가 계산의 결과를 기술할 때 필요하기도 하지만, 등호를 기준으로 왼쪽에 있는 양과 오른쪽의 양이 같다는 것을 알아야 합니다.

아이들은 중학교 수학을 공부하자마자 문자의 세계로 바로 넘어갑니다. 추상화나 일반화를 상징하는 문자가 없이 수학 내용을 전개할 수 없습니다. 구체적인 사물이 특수한 수의 세계로 추상화되는 과정은 물론이고 문자로 표현된 일반화된 식을 이해할 수 있게 된다면, 문자의 세계로 한층 더 심화되는 중학교 1학년 수학을 공부하면서

* 중학교에서 다루는 우리에게 아주 익숙한 수식에서 일반화를 찾을 수 있습니다. 두 가지 예를 살펴보죠. 첫 번째는 이차방정식의 근의 공식입니다. 어떤 종류의 이차방정식이든지 이차방정식 $ax^2+bx+c=0(a\neq0)$의 근은 $x=\frac{-b\pm\sqrt{b^2-4ac}}{2a}$입니다. 두 번째로 피타고라스의 정리입니다. 직각삼각형의 빗변의 길이가 a이고 나머지 길이가 각각 b, c일 때, $a^2=b^2+c^2$이 언제나 성립합니다.

경험할 수 있는 인지적인 어려움을 해소할 수 있습니다.

3. 몇 가지 공부 습관

수학을 포함한 초등학교의 모든 학습의 초점은 아이들이 앞으로 마주하게 될 지식의 바다를 잘 헤쳐나갈 수 있는 배를 만드는 일에 맞춰져야 합니다. 개념을 하나라도 더 알려주기보다 이미 말씀드린 시각화, 패턴 찾기, 추상화, 일반화를 통해 개념을 올바로 학습하는 습관을 기르고, 이를 토대로 내 주변의 문제를 어떻게 해결할 수 있을지 사고하는 경험을 하게 도와줘야 합니다. 견고한 배를 만들 수 있는 수학 공부 습관 몇 가지를 적어봅니다.

첫째, 수학 문제는 반드시 내 손으로 답이 나올 때까지 깨끗하게 푼다

올바른 개념 학습의 중요성과 실천 방법을 이미 말씀드렸습니다. 그렇다면, 개념을 완벽하게 이해하고 있으면, 수학 문제를 잘 풀 수 있을까요? 초등학교에서는 그럭저럭 잘 풉니다. 심지어 개념을 잘 모르더라도 풀 수 있습니다. 하지만, 중학교 수학부터는 상황이 달라집니다.

개념을 모르면 많은 문제를 풀 수 없음은 물론이고, 개념을 완벽히 알고 있더라도 풀 수 없는 문제들이 등장합니다. 수학은 개념을 알고 있는 것으로 끝나지 않습니다. 궁극적으로는 문제를 해결해야 하는

데요. 이미 개념을 알고 있거나 풀어본 문제인데, 새로운 문제 풀이를 할 수 없는 상황이 종종 발생하게 됩니다.

원인을 분석한 결과, 많은 경우 수학을 눈으로 공부했기 때문임을 알게 되었습니다. 교사나 부모가 설명해주는 개념을 잘 이해한 것으로 만족하면 안 됩니다. 다른 사람이 자전거 타는 것을 보는 것만으로 내가 자전거를 탈 수는 없는 이치와 같습니다. 수학도 마찬가지입니다. 개념을 듣고 보기만 해서는 완전하게 이해할 수 없습니다.

손으로 끝까지 풀어보는 '연습'을 해야 합니다. 암산(mental thinking)을 즐겨하는 것도 물론 권장할 만하지만, 백지에 한 줄씩 써 내려가는 올바른 습관을 길러야 할 때입니다. 이 과정을 건너뛴 아이들은 문제를 풀 때, 실수를 자주하게 됩니다.

특히, 답이 나올 때까지 푸는 연습을 꼭 해야 합니다. 이는 수학을 가르치시는 부모에게도 꼭 필요한 습관입니다. 저는 대학 시절, 교수님들의 수학 수업에서 공통적인 특징을 발견할 수 있었습니다. 교수님들이 문제를 칠판에 풀어주실 때, 아무리 쉬운 문제라도 꼭 끝까지 풀고 답을 구해주셨다는 것입니다. "이 과정으로 해보면 답이 나올 거야."라고 학생 몫으로 넘겨도 될 것을 왜 직접 다 풀어주셨을까요?

바로 습관 때문입니다. 답을 쓰고 마침표를 찍는 습관이 오랜 시간 누적된 것이죠. 아이들은 수학을 가르치는 사람의 스타일을 보고 배우게 되어 있습니다. 깨끗한 종이에 한 줄씩 써 내려가면서 문제를 끝까지 푸는 연습을 자녀와 함께 충분히 하시기 바랍니다.

둘째, 수학 공부는 매일 삼십 분씩 한다

초등학교 입학 전에는 앞, 뒤, 왼쪽, 오른쪽과 같은 방향과 순서를 알아두면 됩니다. 또한 비슷한 물건을 구별하고 하나씩 세보는 연습을 해야 하지요. 그런 면에서 부모와 같이하는 장난감 놀이나 다양한 활동이 아동의 수학적 사고력 향상에 큰 도움이 됩니다. 초등학교 수학 교육도 정상적인 경우라면, 실생활 맥락에서 출발하기 때문에 학습의 연장선상에서도 어린 아이들에게는 일상생활이 다 수학 공부가 됩니다.

일상생활에서 수학을 공부할 수 있다는 기본 원칙은 중학생이 되는 초등학생들에게도 동일하게 적용됩니다. 시계를 보고 하루 일과를 계획하는 일, 버스나 기차를 타고 장소를 이동하는 일, 마트에 가서 장을 보는 순서를 정하는 일 등에 모두 수학의 원리가 포함되어 있습니다. 물론, 상황 속에서 수학을 발견하고 수식으로 가져오는 일이 꼭 필요한 것이지요. 모든 상황이 종이에 적힌 단 몇 줄의 수식으로 정리됩니다. 펜과 종이만 있으면, 누구나 수학을 즐길 수 있는 이유입니다. 단, 새로운 언어인 수식에 익숙해져야 하겠지요.

한때 저는 우리에게 아주 생소한 언어인 히브리어(Hebrew)를 잠깐 배웠습니다. 이스라엘의 와이즈만 연구소(Weismann Institute of Science, WIS)에서 수학교육 연구원으로 근무하기로 되어 있었거든요. 결국에는 싱가포르에서 수학교사를 하고 있지만, 새로운 언어를 배우는 일은 아직도 어렵습니다. 영어나 중국어와 같은 다른 언어를 공부할 때, 가장 중요한 것이 무엇일까요?

꾸준하게 매일 하는 학습이 중요합니다. 일주일에 하루 이틀 시간을 내 집중적으로 공부하는 것보다 조금씩 자주 보는 것이 훨씬 좋습니다. 수식이라는 언어로 되어 있는 수학 공부도 마찬가지입니다. 수학 근육을 키우고 잘 관리하기 위해서는 매일 삼십 분 이상씩 공부해야 합니다. 심리학에서 잘 알려진 에빙하우스(Hermann Ebbinghaus, 1850~1909)의 망각곡선이 매일 하는 공부의 원리를 잘 설명해줍니다.

에빙하우스의 망각곡선은 시간의 흐름에 따라 우리가 공부한 개념과 원리가 기억에 얼마나 저장되는지 설명합니다. 최초의 기억은 하루가 지나면 1/3만 남습니다. 2~3일 전 점심시간에 어떤 음식을 먹었는지 한참을 생각해봐야 알 수 있다는 뜻인데요. 이 지점이 바로 반복의 효과를 알려주는 지표입니다. 중·고등학교의 수학은 다른 과목과 달리 공부해야 할 내용도 많고, 학습 내용의 고리가 복잡하게 연

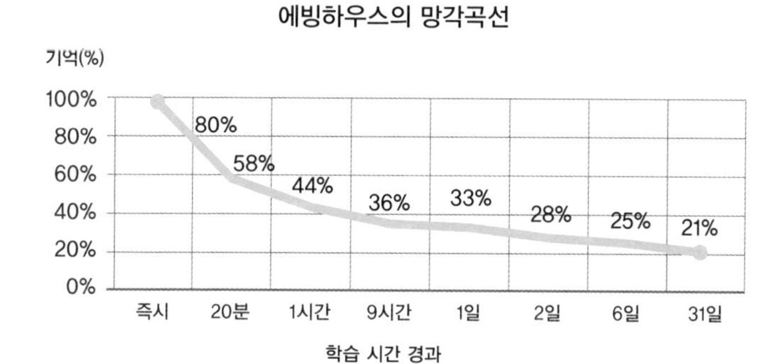

결되어 있습니다. 주기적으로 과거에 배운 내용을 상기하고, 이들을 이용해 또 다른 개념을 이해할 수 있어야 합니다. 매일 하는 반복 학습이 중요한 이유입니다.

초등학교 수학에서는 암기해야 할 공식이 별로 없습니다. 수학에서 암기를 논한다는 것에 거부감이 있으실지 모르겠으나, 올바른 방법으로 개념을 이해한 다음에는 결과를 꼭 암기해야만 하는 경우가 많이 있습니다. 때로는 문제의 해법 전체를 암기해야 할 수도 있습니다. 구체적인 표상으로 기억에 저장되어 있어야 새로운 문제를 풀기 위해 곧바로 꺼내 쓸 수 있거든요.

중·고등학교 수학에서는 암기해야 할 수학 공식들이 많이 늘어납니다. 문제 풀이에 직접 활용해야 하므로 문제가 나올 때마다 반복적으로 익혀서 장기기억에 저장해놓아야 합니다. 오답 노트를 활용해보는 것도 좋습니다. 실수로 틀린 문제는 다음에 나오면 또 틀리기 때문입니다. 이 모든 것이 망각과의 싸움이라고 보시면 됩니다. 하루에 적어도 30분은 자녀와 함께하는 수학공부에 투자하시기 바랍니다.

셋째, 백지와 대화하는 연습을 한다

책장을 앞으로 넘겨 밑줄이 가득한 종이를 마주하고 이미 배운 개념을 반복적으로 학습하는 것은 때로 지루한 일입니다. 수학에서 개념을 여러 번 반복 학습하는 가장 좋은 방법은 문제를 풀어보는 것입니다. 문제를 풀다 보면, 내가 알고 있는 개념을 적용할 수밖에 없거든요. 그래서 기계적인 훈련이 아닌 이상, 되도록 많은 문제를 풀어보는 것은 분명히 효과적인 공부법입니다.

개념을 복습하는 또 다른 방법이 있습니다. 백지를 꺼내, 내가 알고 있는 개념을 정리해 직접 적어보는 것입니다. 처음에는 개념이나 원리를 생각나는 대로 다 써봅니다. 그러고는 써놓은 내용을 교과서나 참고서에서 제시된 구조와 비슷하게 조직합니다. 물론 처음에는 단 몇 줄을 쓰기도 어렵겠지요.

하지만, 수학 글쓰기 연습을 이런 식으로 반복하다 보면, 개념이나 원리를 자연스럽게 복습할 수 있으며, 문제를 푸는 과정에서 문제 해결을 위해 필요한 개념이 무엇인지 필요할 때 곧바로 떠올릴 수 있습니다. 더 나아가 개념과 관련된 문제도 스스로 만들 수 있게 됩니다.

아무것도 적혀 있지 않은 깨끗한 백지와 마주한 다음 수식을 하나씩 적어 내려가는 일은 무(無)에서 유(有)를 창조하는 일입니다. 가뜩이나 차가운 수식을 다루는 과목인데, '수포자' '수학클리닉'과 같은 말들이 오가는 삭막한 수학 교실에서 어려운 수학을 공부하다 보면, 수학에 대한 자신감은 물론이고 자존감마저 떨어질 수 있습니다. 무에서 유를 창조해보는 것은 내가 알고 있는 개념을 구체적으로 표현하는 '작은 성공'의 경험을 제공합니다. 이 작은 성공들이 자신감이나 자존감 회복에 큰 도움이 될 것입니다. 추상적인 수학의 개념과 원리가 갑자기 늘어나는 중·고등학교 수학 공부를 위해 자녀와 함께 백지와 대화하는 연습을 미리 해두는 것이 어떨까요?

제2부

1학년부터 6학년까지 가장 쉬운 수학 지도 방법

셋째 날

덧셈

_덧셈은 아이들이 처음 만나는 연산

현실 맥락과 모델을 이용한 덧셈 지도

현실 맥락 및 모델을 이용한 3단계 지도법에 대한 예를 앞에서 살펴봤습니다. 이 지도 방법은 초등 수학의 모든 분야에 적용할 수 있습니다. 덧셈은 1학년 과정에서 처음 나옵니다. 이제 막 초등학교에 입학한 아이들에게 '2+3=5'라는 식은 고등학생이 처음 접하는 미적분만큼이나 어려울 수 있습니다. 이런 아이의 마음을 고려하지 않고 몇 가지 예만 달랑 보여준 뒤 학습지에 빼곡하게 인쇄된 문제를 풀어보라고 하면 안 됩니다. 그 전에 현실 맥락의 상황이 어떻게 수식으로 변하는지 신기한 수학의 세계를 체험하도록 이끌어야 해요.

미리 공부해서 덧셈과 뺄셈을 아무리 잘한다 해도 수식에 담긴 의미를 모른다면 아이는 기계적인 계산을 하고 있는 게 분명합니다. 초등학교 1학년 때 학습한 덧셈, 뺄셈은 그다음 학년부터 배우게 되는 곱셈, 나눗셈은 물론, 분수의 사칙연산에 그대로 이용되기 때문에 덧셈과 뺄셈의 학습을 잘 해놓아야 합니다. 수식으로 전개되는 수학의 세계는 우리가 보고 듣고 느끼는 현실 상황과 다릅니다. 수학이 어려운 이유는 모든 상황이 기호나 숫자, 문자 등으로 추상화되기 때문이에요. 따라서 아이들이 충분히 관찰하고 느낄 수 있는 구체물을 다양하게 제시해주어야 합니다. 특히 저학년일수록 더 그렇습니다.

모델은 현실 상황과 추상적인 수식의 가교 역할을 합니다. 바둑돌을 이용해도 되고, 스티커나 색종이를 오려서 사용해도 됩니다. 물론 종이에 그린 그림을 통해 현실 세계를 잘 반영하는 모델을 만들 수도 있습니다.

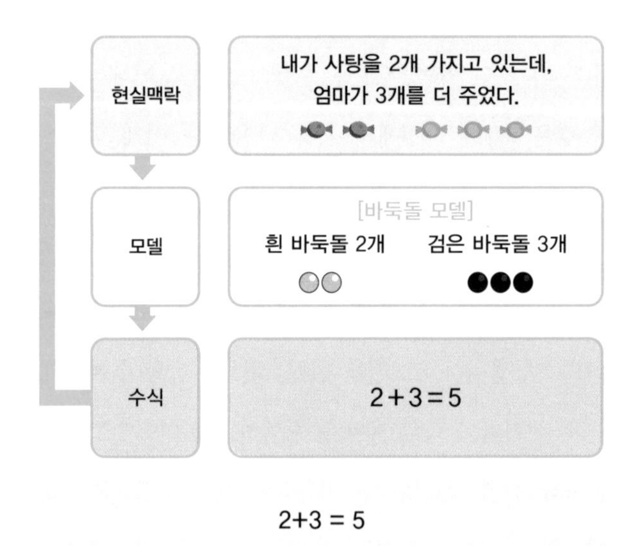

$$2+3 = 5$$

아이들이 처음 마주하는 수식은 대개 위와 같습니다. 가장 간단한 덧셈부터 시작하지요. 이 수식을 보고 놀라지 않으려면 덧셈 기호와 등호의 의미, 그리고 사용법을 충분히 이해해야 합니다. 어른들에겐 너무나 익숙한 기호이지만 이제 막 학교 공부를 시작한 아이들에겐 혼란스럽기 그지없는 것들이거든요. 특히 많은 아이들이 등호를 다음과 같이 잘못 사용하기도 합니다.

$$2+3 = 5+4 = 9-9 = 0$$

등호의 개념을 잘못 이해한 탓에 '2+3=0'이라는 결과가 나왔습니다. 등호는 계산의 결과를 나타낼 때 쓰지만, 반드시 등호를 기준으로 왼쪽과 오른쪽의 수가 같아야 합니다. 그러므로 위 식에서 나온 세 개의 등호 중 가장 마지막에 나온 9-9=0만 등호를 옳게 사용한 것입니다.

무슨 일이든 첫인상이 중요하지요. 앞으로 중·고등학교를 포함해 적어도 12년 이상을 함께해야 할 수학과의 첫 만남이 숫자와 기호로만 가득 차 있는 학습지라면 수학은 더 이상 신비의 대상, 놀랍거나 아름다운 어떤 비밀이 숨어 있는 그 무엇이 아닌, 고통과 괴로움의 표상으로 남게 됩니다.

실생활 맥락에서 연필과 사탕을 직접 만져보고 네모, 동그라미, 표 등을 그려가면서 모델이 수식으로 변하는 신기한 과정을 터득한 학생들은 앞으로 배우게 될 수많은 추상적인 수식을 시각적으로 더 풍부하게 해석할 수 있습니다.

학년이 올라갈수록 더욱 차이가 납니다. 초등학교 시절부터 수학을 수식으로만 공부하지 않고, 사탕을 한 개씩 선물 받는 상황을 경험한 아이들은 중학교 수학을 공부하면서 $y=x$를 보고 정비례를 생각하며, 공을 하늘로 던져본 경험을 한 학생은 이차함수 식 $y=x^2$과 함께 포물선을 떠올리게 됩니다. 이들에게 수학은 수식이나 기호로만 존재하는, 현실과 동떨어진 과목이 아닙니다.

수학이 현실과 어떻게든 연관되어 있다는 것을 믿고 있기 때문에 고등학교에서 미적분과 같은 어려운 개념을 배우면서도 수학이 실생활에 활용되는 예를 생각할 수 있으며, 결과적으로 수학의 가치를 깨닫게 됩니다. 미적분은 중·고등학교에서 배우는 내용 중에 가장 어려운 수식으로 되어 있지만, 그 의미와 활용 가치는 물리학을 포함한 과학은 물론 주가나 환율의 변화 양상을 예측하는 경제와 산업 전반에 활용이 됩니다. 수학은 딱딱한 수식으로 되어 있는 괴로운 그 무엇이 아니라 우리 사회에 꼭 필요하고 내가 꼭 배워야 할 과목입니다. 이것을 어려서부터 자연스럽고 긍정적으로 깨닫게 된다면 숫자와 기호로만 공부한 학생들과 학업 성취도 면에서 차이가 날 것이라는 분명한 예상을 할 수 있습니다.

덧셈의 두 가지 의미 (동적 의미 vs 정적 의미)

우리가 쉽게 생각하는 덧셈에는 두 가지 의미가 숨어 있습니다. 이미 있는 양에 또 다른 양이 추가되는 상황이 일반적인 덧셈의 의미이지요. 이것을 '동적 의미의 덧셈'이라고 합니다. 이미 사탕 두 개를 가지고 있었는데, 엄마가 여덟 개를 더 줬다면, 사탕의 개수는 모두 열 개가 되지요. 손가락 두 개를 먼저 펴고, 그다음 여덟 개를 펴는 행위도 동적 의미에서 덧셈을 하는 사고 과정입니다.

정적인 의미의 덧셈은 새롭게 추가한다는 개념이 아닙니다. 이미 있는 대상을 어떤 조건에 따른 부분으로 분류한 다음 전체의 양을 생각하는 것입니다. 다음과 같은 상황이 정적 의미의 덧셈에 해당합니다. "한 교실에 남학생이 2명, 여학생이 8명이 있습니다. 모두 몇 명의 학생이 있을까요?"

위에서 예를 든 동적 의미의 덧셈과 정적 의미의 덧셈은 동일하게 '2+8=10'을 의미하는 것으로 별로 차이가 없어 보이지만, 정적 의미의 덧셈은 분류된 것들을 모아놓은 전체 구조를 이해해야 한다는 점에서 보다 높은 수준의 사고력을 요구합니다. 이 경우는 뺄셈에서도 마찬가지입니다. 전체에서 부분을 생각하는 뺄셈의 사고 수준은 제거한다는 의미로만 뺄셈을 다루는 수준보다 높습니다.

두 가지 의미의 덧셈을 구분해서 가르칠 필요는 없습니다. 하지만, 두 가지 상황 모두에 노출될 수 있도록 다양한 예를 제시하는 것은 중요한 덧셈 지도 전략입니다. 없다가 새롭게 추가되는 상황을 나타낸 모델은 앞에서 다루었습니다. 전체의 부분을 나타내는 모델을 다음과 같은 그림으로 표현할 수 있습니다.

[현실]

한 교실에 남학생 2명과 여학생 8명이 있는 상황

[모델]

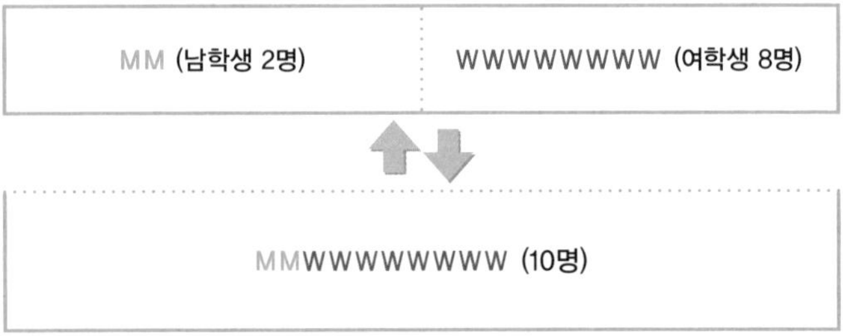

MM (남학생 2명)	WWWWWWWW (여학생 8명)

↑↓

MMWWWWWWWW (10명)

[수식]

(1) 남학생 2명과 여학생 8명이 한 교실에 있습니다.

(2) 모두 10명 있습니다.

(3) 2+8=10입니다.

앞에서 소개한 3단계 지도법을 적극적으로 활용하시기 바랍니다. 부분과 전체를 각각 표현하고, 특히 전체를 하나의 집합*으로 이해하는 것이 중요합니다. 전체와 부분을 서로 왔다 갔다 하면서 비교해보는 활동은 앞으로 학습할 뺄셈으로 나아가는 아이디어를 제공해줍니다.

* 고등학교에서 '집합'을 더 엄밀하게 학습하게 됩니다.

두 수를 더하면, 새로운 다른 수가 나옵니다. 이 새로운 값을 수로 표현해야 하지요. 만일, 2단계에서 표 모델을 이용해 두 수의 합을 구성한 것으로 덧셈을 마무리한다면, 표가 나열된 전체의 모습이 곧 계산의 결과가 됩니다.

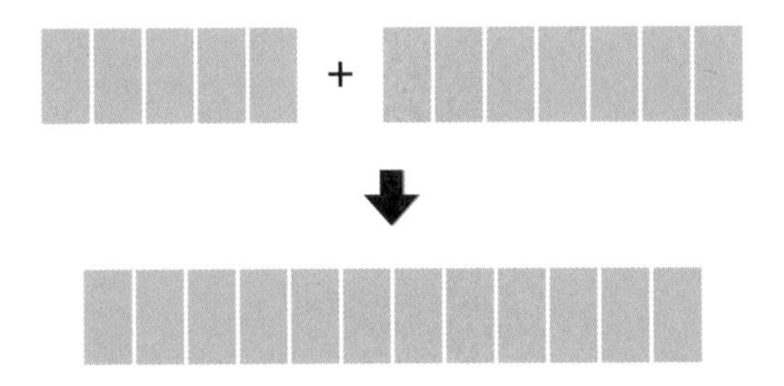

하지만, 우리는 십진법으로 표현하는 자연수 체계를 갖고 있습니다. 0에서 9까지 단 열 개의 수만으로 모든 자연수를 표현할 수 있습니다.

$$5 + 7$$

위의 계산 결과를 나타내기 위해 새로운 '수'가 필요하지 않습니다. 이미 우리가 알고 있는 '1'과 '2'를 이용하면, 다음과 같이 계산 결과를 12로 쓸 수 있습니다.

$$5 + 7 = 12$$

여기서 1은 10을 의미합니다. 위 모델에서 각 셀을 하나의 대상이라고 한다면, 열두 개의 셀을 재배열하여 열 개씩 묶는 것이 십진법의 원리를 터득하는 핵심 개념입니다.

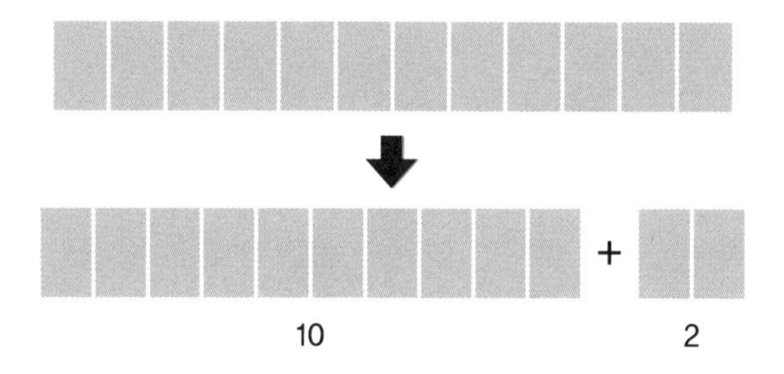

10개의 묶음 1개와 낱개 2개가 숫자 12가 된 것입니다. 여기서 1과 2의 자릿수가 다릅니다. 1은 십의 자리 수이고 2는 일의 자리 수입니다.

숫자가 놓인 자리에 따라 그 수의 값이 결정된다는 원리를 꼭 기억하고 있어야 합니다. 특히, 각 자리에 해당하는 수가 없을 경우엔 빈 칸으로 두지 않고, 반드시 0*을 써줘야 합니다. 그래야 203과 같은 숫자를 온전히 이해할 수 있습니다. 또한 10개의 묶음을 다시 낱개로 분해할 수 있어야 합니다. 이것은 뒤에서 다룰 뺄셈을 위해 꼭 필요한 과정입니다.

우리가 항상 보는 시간도 비슷한 원리로 셉합니다. 시간은 60진법으로 되어 있습니다. 60초의 묶음이 1분이 됩니다. 마찬가지로 60분의 묶음이 1시간이 되지요. 그래서 90분은 60분(1시간) +30분이 되는 것입니다.

덧셈은 십진법으로 표현된 수들의 합을 다시 십진법으로 표현하는 일입니다. 십진법의 가장 중요한 두 가지 원리는 '10개씩 묶음'과 '자릿수'입니다. 이 두 가지 원리를 기억하면서 다음 두 가지 덧셈의 예를 확인해 보겠습니다.

1) 16+2

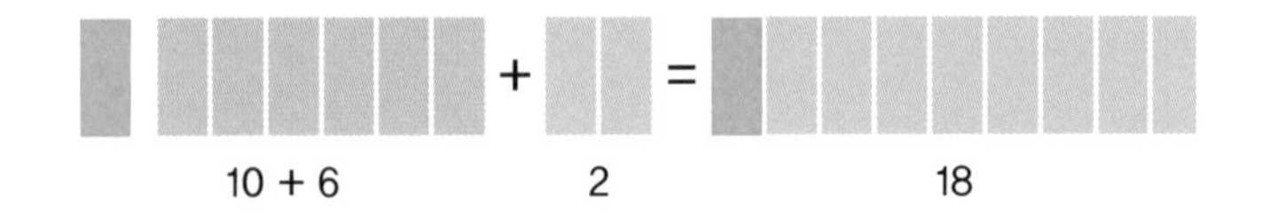

* 여기서 0은 자리지기 수라고 할 수 있습니다.

위 덧셈은 받아 올림*이 없습니다. 받아 올림이 없는 경우에는 같은 자릿수에 있는 숫자를 더한 값을 동일한 자리에 쓰면 됩니다.

2) 16+29

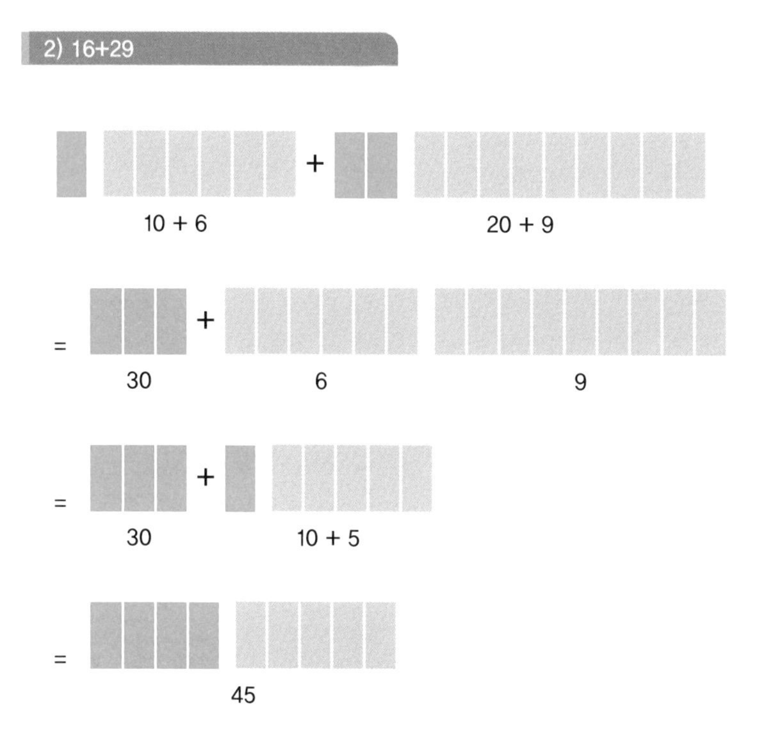

받아 올림의 있는 덧셈의 경우입니다. 십의 자리부터 계산할 수도 있고, 일의 자리부터 계산할 수도 있습니다. 이 모델에서는 십의 자리부터 계산을 했습니다.

* 같은 자릿수 합이 10이거나 10보다 클 때, 한 단계 큰 자리로 1을 올리는 법

먼저 십의 자리 숫자를 더해 30을 만들어 놓습니다. 그다음 일의 자리 숫자를 더해, 10개 묶음 1개와 낱개 5개로 구분해 놓습니다. 10개 묶음 1개를 처음 더해 놓은 30과 더합니다. 40이 되겠군요. 마지막으로 낱개를 더해서 45로 씁니다.

받아 올림이 없는 덧셈의 경우, 자릿수만 잘 맞춰 계산하면 어렵지 않게 덧셈의 결과를 구할 수 있습니다. 하지만, 받아 올림이 있는 덧셈의 경우는 모델을 통해 덧셈의 원리와 십진법의 원리를 잘 익혔다면, 이제 알고리즘*을 터득해야 합니다.

우리가 이미 학교에서 배우고 많이 사용해서 익숙한 세로셈(수를 세로로 놓고 계산하는 방법)이 덧셈의 알고리즘입니다. 수를 가로로 놓고 계산하는 가로셈도 있는데, 받아 올림이 있는 경우에는 세로셈을 더 많이 사용합니다.

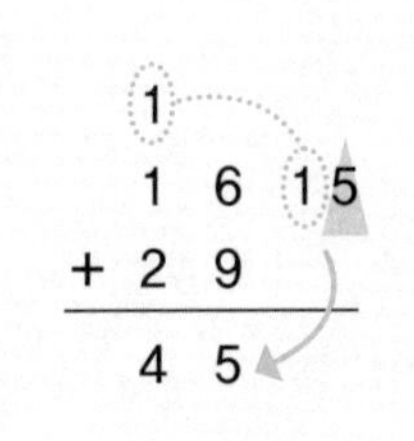

* 문제의 해결을 위한 체계적인 규칙을 순서대로 정리해놓은 방법

식을 세로로 쓰는 목적은 일의 자릿수는 일의 자리끼리 십의 자릿수는 십의 자릿수끼리 놓기 위해서입니다. 계산 결과도 자릿수에 맞춰 정리할 수 있습니다. 같은 자리 수끼리 더해서 동일한 자리에 숫자를 쓰면 됩니다. 즉, 16에서 일의 자리 6을 29의 9와 더해 십진법으로 표현한 뒤, 일의 자리 수만 일의 자리에 적고, 10개씩의 묶음이 있어 받아 올림이 있는 경우 묶음의 수를 16의 1 위에 씁니다. 그리고 십의 자리 수를 모두 더해 결과의 십의 자리에 씁니다.

✣ 교환법칙

두 수의 덧셈은 순서를 바꿔도 결과 값은 동일합니다. 이 법칙을 '덧셈의 교환법칙'이라고 합니다.

$$2 + 8 = 8 + 2$$

덧셈 전체 구조를 보면 당연한 결과이지만, 덧셈을 동적으로만 이해한다면 쉽지 않은 내용입니다. 2+8을 계산하기 위해서는 이미 있는 두 개에 여덟 개가 더해지는 상황이고, 8+2는 이미 여덟 개가 있고, 두 개가 더해지는 것입니다. 계단을 두 칸 가고 여덟 칸 더 가는 것과 여덟 칸 가고 두 칸 더 가는 것은 다른 행위가 됩니다. 순서가 바뀐 이 둘의 결과가 같다는 것을 어떻게 받아들여야 할까요?

시간 차이를 두는 것도 좋은 방법입니다. 아침에 사과 2개, 저녁에

8개를 먹는 것과 아침에 8개, 저녁에 2개를 먹는 것은 하루에 먹은 사과의 양의 관점에서는 같기 때문입니다.

물론 손가락을 하나씩 펴 가면서 계산한다면, 2+8을 구하기 위해 더 많은 노력을 해야 합니다. 하나씩 숫자를 크게 하면서 8+2를 구하기 위해서는 8부터 두 개만(9, 10) 세어주면 되기 때문입니다.

덧셈의 교환법칙을 단순히 덧셈의 성질로만 이해하는 데서 그치면 안 됩니다. 계산할 때, 앞뒤의 순서를 바꿔서 계산이 더 쉽게 될 것 같으면, 그렇게 하라는 덧셈 훈수로 생각해야 합니다.

때에 따라서 순서를 바꾸면 계산이 쉬워집니다.

아래의 두 문제를 풀어보겠습니다.

1) $2+3+7 = (2+3)+7 = 5+7 = 12$

2) $2+3+7 = 2+(3+7) = 2+10 = 12$

위의 1)과 2)의 결과가 같습니다. 여기서는 '덧셈의 결합법칙'을 이용했습니다. 결합법칙은 덧셈이 두 개 이상 나열된 식에서 어느 덧셈을 먼저 해도 결과가 같다는 법칙입니다. 교환법칙과 결합법칙을 이용하면, 아래와 같이 덧셈을 쉽게 할 수 있습니다.

$$2+7+8 = 2+(7+8) = 2+(8+7)$$

$$= (2+8)+7 = 10+7 = 17$$

계산의 원리는 더해서 10이 되는 두 수를 먼저 더하고 나머지 한 수를 마저 더하는 것입니다. 이는 '가르고 모으기'의 기본 원리이기도 합니다.

덧셈의 교환법칙은 초등학교 1학년 아이들이 수학을 통해 아름다움을 느낄 수 있는 내용입니다. 구체물을 이용하고 싶으면, 바둑돌(백돌, 흑돌)을 이용해 10만들기 표를 자녀와 함께 만들어보시기 바랍니다.

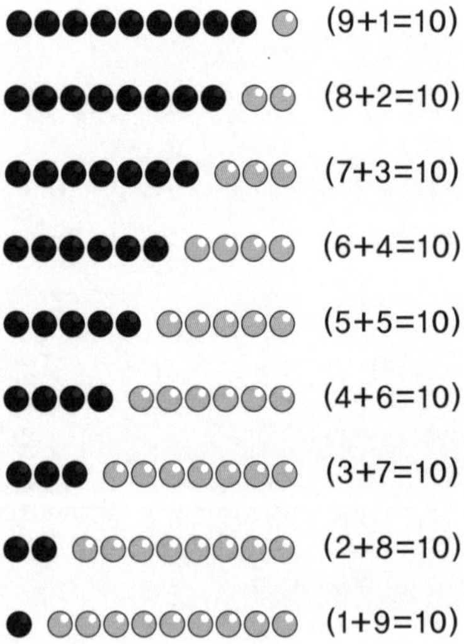

●●●●●●●●● ○ (9+1=10)

●●●●●●●● ○○ (8+2=10)

●●●●●●● ○○○ (7+3=10)

●●●●●● ○○○○ (6+4=10)

●●●●● ○○○○○ (5+5=10)

●●●● ○○○○○○ (4+6=10)

●●● ○○○○○○○ (3+7=10)

●● ○○○○○○○○ (2+8=10)

● ○○○○○○○○○ (1+9=10)

때로는 그림이 수식보다 훨씬 더 많은 이야기를 들려줍니다. 우리가 살고 있는 우주 공간의 구조를 재해석한 물리학자 아인슈타인(Albert Einstein, 1879~1955)은 그림이나 이미지가 영감을 자극한다고 했습니다. 그가 남긴 다음의 어록을 감상해보시지요.

"말이나 글은 내 사고의 방법에 아무런 역할도 하지 않는 것 같다. 내 영감에 영향을 주는 정신적 실체는 명확한 이미지다."

✚ 덧셈에서 공통 단위의 중요성

수는 이미 추상화되어 있는 결과물이라고 했습니다. 10이라는 수가 있다고 해봅시다. 10이 의미하고 있는 상황은 수없이 많을 겁니다. 사탕 10개가 될 수도 있고, 직사각형의 넓이 $10cm^2$일 수도 있습니다. 하지만 사탕 10개와 직사각형의 넓이 $10cm^2$를 더할 수는 없겠죠. 서로 단위가 다르기 때문입니다.

덧셈에서는 단위가 매우 중요합니다. 단위가 나와 있지 않은 수들의 덧셈은 같은 단위의 수들끼리 덧셈을 한다고 가정하면 됩니다. 공통 단위라고 하면 될까요? 만일 2+3의 값을 구하는 문제가 있다면 여기서 2와 3은 각각 사탕의 개수이거나 각각 연필의 개수이거나 각각 넓이를 나타낸다고 생각하면 됩니다.

연산에서 단위가 구체적으로 주어져 있는 경우는 단위를 통일해 공통 단위로 만들어주어야 합니다. 집에서 학교까지 30분이 걸리고 학교에서 병원까지 1시간이 걸린다면, 집에서 학교를 거쳐 병원까지

가는 데 걸리는 시간은 30+1로 구할 수 없습니다. 단위를 분으로 통일하든지 시간으로 통일해서 30+60=90(분), 혹은 0.5+1=1.5(시간)으로 구해야 합니다.

사실 덧셈을 정의하려면 무엇보다 먼저 단위를 정해야 합니다. 십진법으로 표현된 수에서 자릿수도 각각 하나의 단위라고 할 수 있습니다. abc라는 수가 있다고 해봅시다. 일의 자리 수 c와 십의 자리 수 b, 백의 자리 수 a는 서로 더할 수 없습니다. 서로 다른 단위의 수이기 때문입니다. 다만, 100a+10b+c로 더할 수 있지요.

또 다른 예로 분수의 덧셈이 있습니다. $\frac{2}{9}+\frac{5}{9}$는 어렵지 않게 더할 수 있습니다. $\frac{2}{9}+\frac{5}{9}=\frac{7}{9}$이지요. 그런데, $\frac{2}{9}+\frac{1}{5}$의 경우는 두 분수의 분모를 45로 통분해야 합니다. 공통 단위의 분수로 만드는 것입니다.

$\frac{2}{9}+\frac{1}{5}=\frac{10}{45}+\frac{9}{45}=\frac{19}{45}$로 계산합니다.

중학교 1학년 과정에 나오는 문자가 포함되어 있는 계산식에서는 각각의 문자를 하나의 단위로 봅니다. 예를 들어, 2a+3b에서 2a와 3b는 단위가 다른 수이기 때문에 더 이상 간단하게 표현할 수 없습니다. 중학교 3학년 과정에 나오는 무리수의 덧셈*도 마찬가지입니다. 이와 같이 덧셈을 할 때, 공통 단위를 사용해야 하는 수학적 개념이 앞으로 계속 나오기 때문에 단위를 한 번씩 생각해보는 것은 덧셈 학습에 도움이 됩니다.

* 예를 들어 $2\sqrt{2}+3\sqrt{2}+\sqrt{3}+\sqrt{3}=5\sqrt{2}+2\sqrt{3}$ 입니다. 같은 단위끼리의 수만 더할 수 있으며, $\sqrt{2}$와 $\sqrt{3}$은 다른 단위이므로 위 식은 더 간단히 나타낼 수 없습니다.

아이들이 덧셈을 통해 공부해야 할 내용을 정리하겠습니다.

1. 가장 먼저 접하는 연산이니만큼 다양한 예를 통해 점진적으로 식에 익숙해지기
2. 자릿수의 개념, 십진법 표기법 이해하기
3. 교환법칙을 활용하면 계산이 간단하게 된다는 것 이해하기
4. 덧셈을 하기 위해서는 공통 단위가 필요하다는 것 이해하기

넷째 날

뺄셈

_뺄셈은 표현만 달라진 덧셈

뺄셈은 표현만 달라진 덧셈

덧셈을 배웠으면, 이제 드디어 뺄셈을 배울 차례입니다. 덧셈은 새롭게 추가(addition)하는 것이지요. 반면, 뺄셈은 제거(subtraction)의 의미가 있습니다. 전혀 다른 과정이에요. 하지만, 전체와 부분의 관계로 보면, 덧셈과 뺄셈은 서로 역연산 관계에 있습니다.

(1) 과일 바구니에 사과 18개와 배 12개가 있다.
과일은 모두 몇 개가 있는지 구하는 식을 쓰시오.

(2) (1)의 결과를 이용해 사과의 개수를 나타내는 식을 쓰시오.

(3) (1)의 결과를 이용해 배의 개수를 나타내는 식을 쓰시오.

위의 예에서 (1)의 덧셈식이 (2)와 (3)의 뺄셈식으로 서로 전환되는 관계를 확인할 수 있습니다.

(1) 18+12=30

(2) 30-12=18

(3) 30-18=12

뺄셈을 통해 제거된 결과 값을 구하는 것도 중요하지만, 조금만 신경을 쓰면, 전체와 부분, 덧셈과의 역연산 관계와 같은 수학의 신비를 경험할 수 있는 좋은 기회라는 것도 알 수 있습니다. 수학에서 전체와 부분의 관계를 다루는 내용은 무척 많답니다. 초등학교에서 배우게 되는 '분수'나 '비와 비율'은 전체와 부분의 관계를 나타내는 대표적인 내용들이지요. 또한 '도형'에서 '넓이'를 측정할 때, 전체에 대한 부분의 비 개념이 쓰입니다. 삼각형의 넓이를 구할 때, $\frac{1}{2}$을 곱하는 것도 같은 맥락입니다.

덧셈 및 뺄셈과 마찬가지로 곱셈과 나눗셈은 서로 역연산 관계입니다. 중·고등학교 수학에는 역관계에 있는 개념이 많이 나옵니다. 식의 인수분해와 전개, 지수와 로그, 미분과 적분은 서로 역관계에 있습니다. 물론 이런 역관계가 수학에만 있는 건 아닙니다. 수입과 지출, 상승과 하강, 기쁨과 슬픔과 같은 상반된 현상이나 감정은 마치 동전의 양면 같은 것으로 우리 주변에서 쉽게 볼 수 있습니다. 그렇다면 어떻게 해야 우리 아이들이 자연스럽게 역관계를 받아들이고 이해할 수 있을까요?

빨셈 지도에서는 Bond 모델 내지는 삼각형 모델을 활용하는 것이 좋습니다. 빨셈을 시각적으로 잘 나타내 줄 뿐만 아니라, 덧셈과의 역연산 관계도 한꺼번에 표현되기 때문입니다.

동적 의미의 빨셈과 정적 의미의 빨셈에 대하여 알아본 다음, 모델의 활용 방법을 다루어보겠습니다.

뺄셈의 두 가지 의미 (동적 의미 vs 정적 의미)

덧셈에서는 기존의 수나 양에 새로운 것들이 추가되는 상황이 주어졌죠. 뺄셈은 기본적으로 일정한 수나 양이 없어지는 '제거'의 의미를 지닙니다. 뺄셈과 관련된 실생활 맥락으로 주로 사탕이나 사과, 장난감들이 없어지는 상황을 생각하지요. 그러나 '두 대상의 비교' '전체와 부분의 관계'는 아무것도 없어지지 않는 뺄셈의 맥락이 될 수 있습니다. 뺄셈을 암시하는 상황을 세 가지 유형으로 분류해서 알아보겠습니다.

1) 제거

가지고 있던 사물의 일부가 없어질 때, 남아 있는(없어진) 수와 양을 묻는 상황

(예) 사탕 8개 중에서 몇 개를 먹었더니 5개가 남았어요.
먹은 사탕은 몇 개인가요?

2) 비교

두 가지 사물의 수나 양을 비교하면서 얼마나 더 많은지(적은지) 묻는 상황, 수나 양이 같아지려면 얼마나 더 필요한지 묻는 상황

(예1) 어제 2시간 수학 공부를 하고, 오늘은 3시간을 했어요. 오늘은 어제보다 몇 시간 더 많이 공부했나요?

(예2) 나는 스티커를 10장 가지고 있고, 내 친구는 스티커를 8장 가지고 있어요. 나는 친구보다 스티커를 몇 장 더 많이 가지고 있나요?

3) 전체와 부분

전체에 대한 부분의 수와 양이 얼마인지 묻는 상황

(예) 책상 위에 바둑돌이 20개가 있는데, 이 중 12개가 검은 바둑돌입니다. 흰 바둑돌은 몇 개인가요?

위의 세 가지 유형 중 제거의 의미가 있는 뺄셈이 동적인 의미의 뺄셈이고, 두 대상을 비교하거나 전체와 부분의 관계를 확인하는 것이 정적 의미의 뺄셈입니다.

덧셈과 마찬가지로 동적인 뺄셈은 쉽게 받아들일 수 있습니다. 하

지만, 양을 비교하거나 전체와 부분을 같이 생각해야 하는 정적 의미의 뺄셈은 인지적으로 더 많은 사고를 요구합니다. 정적 의미의 뺄셈의 상황인 '비교'와 '전체와 부분'의 관점은 같이 나타나기도 합니다. 예를 들어 다음과 같은 문제가 있습니다.

[문제] **"나는 친구와 함께 12개의 사탕을 나누어 먹기로 했다. 내가 7개를 먹었다면, 나는 친구보다 몇 개를 더 먹은 것일까?"**

정적 의미의 뺄셈을 온전히 이해하려면 두 대상을 같이 생각해야 합니다. 이럴 때 아래와 같은 집합* 다이어그램 모델을 활용하면 이해하기 쉽습니다. 시각적인 다이어그램을 제시해주면, 초등학생들도 무리 없이 받아들일 수 있습니다.

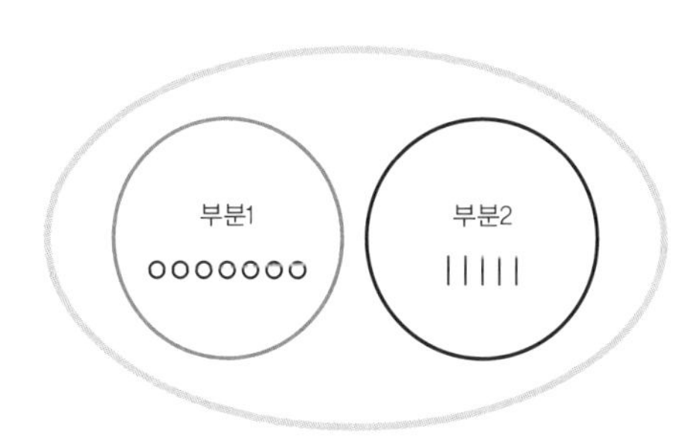

* 집합은 고등학교 1학년 과정에 나오는 내용입니다. 부분1(내가 먹은 사탕의 수)과 부분2(친구가 먹은 사탕의 수)는 서로 여집합 관계에 있습니다.

앞의 모델에서 동그라미가 내가 먹은 사탕이고 막대기가 친구가 먹은 사탕입니다. 만일 제거하고 싶으면, 선을 그어 삭제하면 됩니다. 완전히 지워버리면, 뺀 양을 확인할 수 없기 때문에 흔적은 남겨두어야 한다는 점을 유의해야 합니다.

앞의 1) 2) 3)의 세 가지 뺄셈의 유형에서 확인했듯이 뺄셈을 나타내는 상황은 다양합니다. 공통점은 주어진 두 개의 양을 이용해 미지의 양을 구해야 한다는 것입니다. 이미 주어진 양을 △, ▽라고 하고, 미지의 양을 ★라고 한다면, 세 개의 양 △, ▽, ★을 가지고 △ - ▽ = ★, ★ - ▽ = △, △ - ★ = ▽와 같은 구조로 뺄셈식을 만들 수 있습니다. 위의 유형 3)에서 소개한 바둑돌 문제에서는 이미 주어진 양이 20과 12이므로, 20-12=8과 같은 식이 구성되겠네요.

$$20-12=8$$

이 뺄셈식은 Bond 모델로 시각화할 수 있습니다. Bond 모델은 이미 앞에서 다룬 내용입니다. 이 모델은 아래 그림과 같이 세 개의 수

20, 12, 8이 끈으로 연결된 삼각형 모양의 구조로 되어 있습니다. 뺄셈식에는 세 개의 수가 필요하지요. 가장 큰 수를 맨 위에 써야 합니다. 그리고 나머지 두 개의 수가 아래쪽에 들어갑니다.

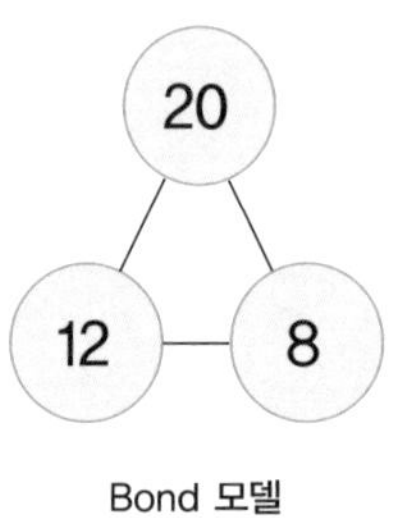

Bond 모델

세 개의 수가 있으면, 뺄셈식은 두 개 만들 수 있습니다. 위에서 뺄셈식 20-12=8은 20-8=12로도 바꿀 수 있지요. 모델의 동그라미 부분에 세 개의 수를 지정해놓고, 가장 위에 있는 수를 시작으로 화살표를 시계 방향, 반시계 방향으로 돌려가면서 뺄셈식을 시각화할 수 있습니다.

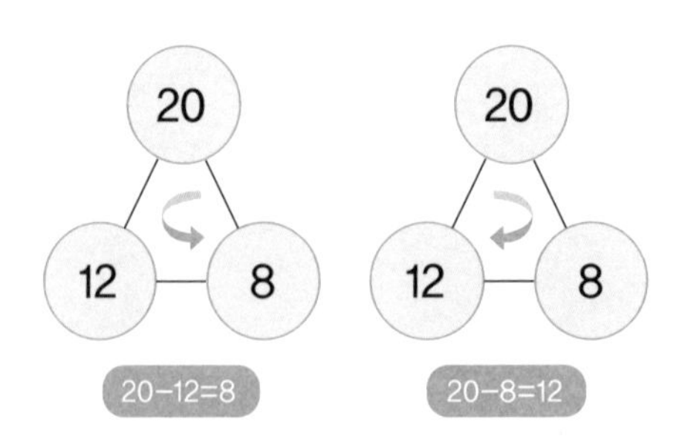

Bond 모델에서의 뺄셈

덧셈과 뺄셈은 역연산 관계라고 했습니다. 본드 모델로 덧셈을 설명할 수도 있습니다. 덧셈은 아랫부분에 있는 수에서 시작해 시계 방향, 반시계 방향으로 위로 올라갑니다.

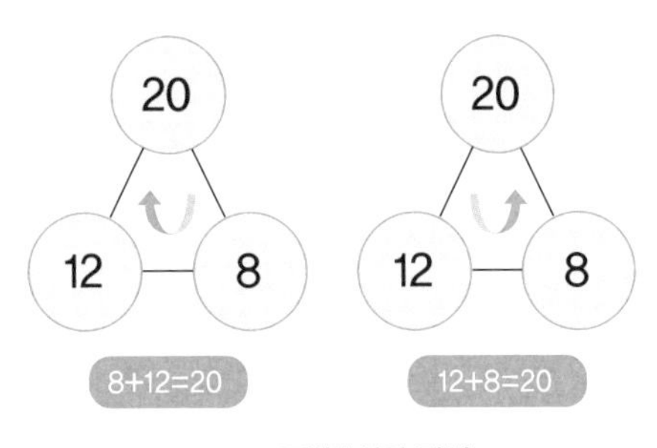

Bond 모델에서의 덧셈

본드 모델은 삼각형 모델로 나타낼 수 있습니다. 각 수들을 삼각형의 꼭짓점 부분에 써넣으면 두 모델은 구조가 비슷한 모양이 됩니다.

삼각형 모델

삼각형 모델에서 덧셈과 뺄셈의 원리는 본드 모델과 동일합니다. 뺄셈은 맨 위에 쓰인 가장 큰 숫자에서 시작해 (반)시계 방향으로 화살표를 그리면 되고, 덧셈은 아래부터 시작해 위로 올라가면 됩니다.

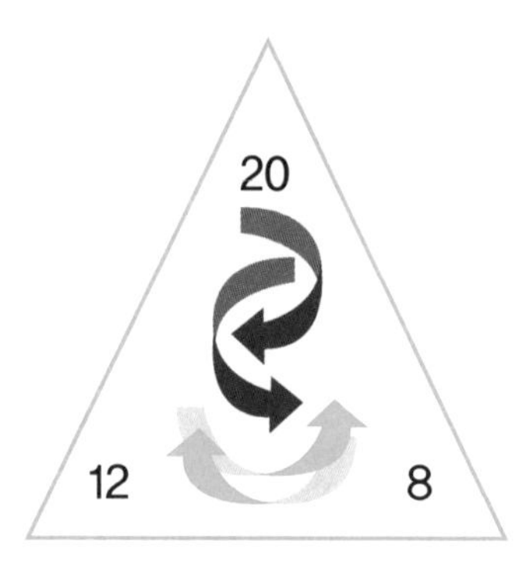

삼각형 모델에서 덧셈과 뺄셈

본드 모델이나 삼각형 모델을 사용할 때 주의할 점은 화살표의 출발 지점과 방향입니다. 12+20=8이나 8-12=20과 같은 잘못된 식이 나올 수 있기 때문입니다.

뺄셈을 학습하다가 간혹 작은 수에서 큰 수를 빼는 상황을 생각하는 아이들이 있습니다. 초등학교에서는 자연수를 배우지요. 중1 과정에 올라가면 수가 정수로 확장됩니다. 정수는 자연수에 0과 음의 정수를 모두 포함한 수 개념입니다.

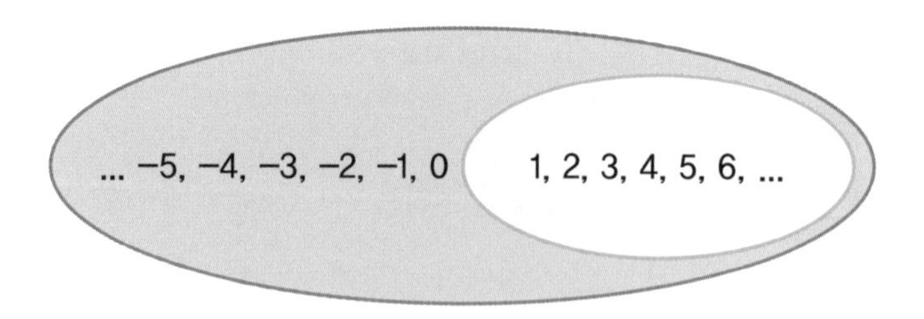

자연수(초록 동그라미)와 정수(회색 동그라미)

이런 아이들에게는 먼저 작은 수에서 큰 수를 빼면, 신비로운 새로운 수가 된다는 정도로 설명해주는 게 좋습니다. 그런 다음 우리 주변에서 음수를 사용하는 예들을 알려줍니다. 이를 테면, 추운 겨울철 온도를 나타내는 '영하', 돈을 빌렸을 때의 '빚' 등이 음수의 개념이죠.

앞으로 세 걸음 걸어갔다가 같은 보폭으로 다시 뒤로 세 걸음 돌아보면 제자리이지요. 이 상황을 뺄셈으로 표현할 수 있습니다. 3-3=0입니다. 그런데, 앞으로 세 걸음 갔다가 뒤로 다섯 걸음을 오는 상황을 어떻게 수식으로 나타낼까요? '뒤로 두 걸음'에 대한 새로운 표현이 필요합니다. 바로 '음수, -2'입니다. 아이들에게 음수의 세상은 마치 비밀의 방과도 같습니다. 비밀의 방을 열쇠로 잠가놓을 필요는 없습니다. 조금씩 알려주셔도 됩니다.

뺄셈의 알고리즘 (단위 재배열)

받아 올림이 없는 덧셈의 경우와 마찬가지로 받아 내림이 없는 뺄셈은 쉽습니다. 17-5의 계산은 가로셈으로도 충분히 할 수 있습니다. 하지만, 받아 내림이 있는 경우는 세로셈으로 계산해야 실수를 줄일 수 있습니다. 자릿수를 경계로 10이나 100을 내려야 하기 때문이죠.

62−9

62
− 9
→
10
52
− 9
→
5 12
− 9
53

세로셈으로 뺄셈을 하는 과정입니다. 일의 자리를 먼저 비교하면,

하얀색 부분은 십의 자리 수 6에서 1(십)을 가져 온* 다음 2와 합친 후, 9를 빼는 과정을 나타내고 있습니다. 이때 쓸 수 있는 알고리즘이 다음과 같습니다.

$$12-9 = 12-2-7 = 10-7 = 3$$

★ - □ = ⬠에서 ★ 부분을 10으로 놓기 위해, 일부분만을 먼저 빼는 것입니다. 여기서는 12에서 2를 먼저 빼, 10으로 만들었습니다. 9에서 2를 먼저 뺐으므로, 7만 더 빼면 됩니다. 10-7을 하면 일의 자리 수가 나옵니다.** 12-9가 10-7로 바뀌었습니다. 뺄셈의 알고리즘을 처음 배울 때, 받아 내림을 통해 십진법으로 표현된 수를 재배열하는 개념을 꼭 이해해야 합니다. 기계적인 계산 방법만을 익히게 되면, 초등학교 1학년 때부터 수학을 부정적으로 인식할 수 있습니다.

조금 더 복잡한 세 자리수와 두 자리 수의 뺄셈의 알고리즘을 살펴보겠습니다.

* 받아 내림을 '빌려 온다.' '빌려준다.'와 같은 용어로 사용하기도 합니다. 하지만, 빌린다는 것은 다시 돌려준다는 의미를 포함하고 있으며, 빌린 이후 다시 돌려주는 과정이 없기 때문에 적절하지 않은 표현입니다. 하얀색 부분에서 확인할 수 있듯이, 62가 50+12로 재배열되므로, '빌린다.'는 표현 대신, '가져온다.' 내지는 '(십진법) 수를 재배열한다.'는 표현이 더 적절합니다.

** 가운데 부분의 파란색 표시 부분에서 10-9를 먼저 한 다음, 2를 더해도 됩니다. 10+2-9=10-9+2와 같기 때문입니다.

325 − 68

이 뺄셈식은 일의 자리와 십의 자리의 수 모두 그냥 뺄 수 없으므로, 백의 자리 수에서 '받아 내림'을 해야 합니다. 물론 십의 자리에서 일의 자리로 먼저 받아 내림을 하고, 다시 백의 자리에서 십의 자리로 받아 내림을 해도 되지만, 한꺼번에 하는 방법을 다루고자 합니다.

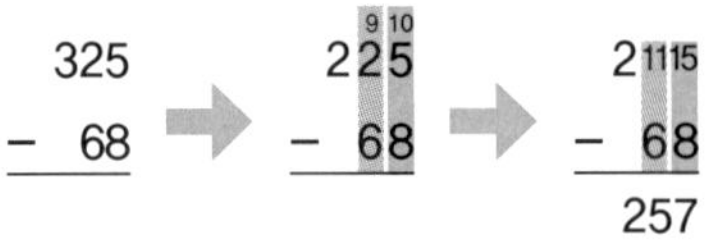

```
                 9 10
  325            2 2 5           2 11 15
−  68   →     −    6 8    →   −     6 8
                                  2 5 7
```

325를 재배열해야 하는 원리는 동일합니다. 백의 자리 수 3에서 1(백)을 가져옵니다. 300에서 200이 남고, 가져온 100은 90과 10으로 재배열할 수 있습니다. 90과 10을 각각 십의 자리 수와 일의 자리 수에 더해줍니다.(가운데 회색 부분의 2 위에 있는 숫자 9는 90을 의미합니다.) 그다음 앞에서 다룬 알고리즘을 이용해 뺄셈을 하면, 257이 답으로 나옵니다.

기본 원리와 개념을 알고 있다면, 큰 자리 수들의 뺄셈도 자유롭게 할 수 있습니다. 알고리즘에 숙달하려면 문제를 많이 풀어보는 것이 도움이 됩니다. 자녀들과 함께하는 계산 연습은 하루도 빠짐없이 매일 하시는 게 좋습니다. 하루 삼십 분 수학 공부, 잊지 않으셨지요?

아이들이 뺄셈을 통해 공부해야 할 내용을 정리하겠습니다.

1. 뺄셈을 덧셈의 연장선상에서 공부하기
2. Bond 모델, 삼각형 모델과 같은 다양한 모델을 통해 뺄셈식에 익숙해지기
3. 뺄셈 알고리즘을 단위의 재배열 관점에서 이해하고 계산에 활용하기

다섯째 날

곱셈
_곱셈은 덧셈의 다른 얼굴

× 곱셈은 덧셈으로 정의된다

곱셈을 학습하는 데에는 다음과 같은 4단계의 사고 과정이 필요합니다. 실생활 문제에서 시작해 모델을 거쳐 추상적인 수식을 제시하는 기본 원칙에 맞게 각 단계를 살펴보겠습니다.

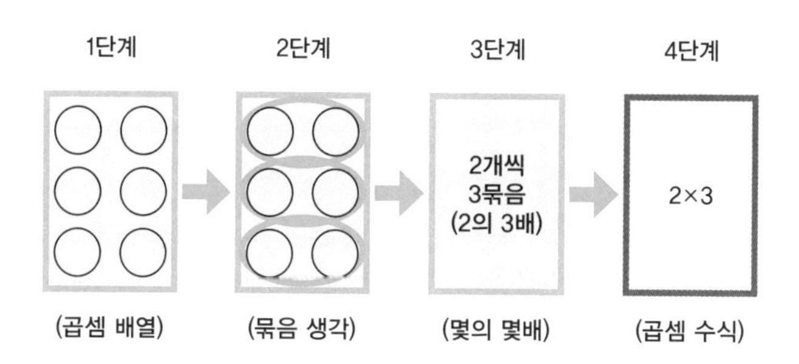

먼저 1단계는 직사각형 모양의 곱셈 배열입니다. 우리는 실생활에서 직사각형 모양으로 배열된 사물들을 많이 볼 수 있습니다. 마트에 가면 음료수 묶음, 생수 묶음 등이 직사각형으로 묶여 있는 것을 쉽게 확인할 수 있죠. 이 사물들을 모델로 가져와야 하는데요. 덧셈과 뺄셈의 Bond 모델이나 삼각형 모델을 그대로 이용하고 연산의 종류만 바꿔도 되지만, 곱셈에서는 표 모델이나 직사각형 모델을 활용하는 것이 좋습니다. 위 그림의 1단계에서는 직사각형 모델을 사용했습니다.

2단계는 묶음을 생각하는 단계입니다. 곱셈은 (정해진 대로) 몇 개씩 묶는 것입니다. 1단계의 곱셈 배열(직사각형 모양)에서 동일하게 묶는 활동을 해 봐야 합니다. 여기서는 2개씩 3묶음을 만들었네요.

3단계는 몇 개씩 몇 묶음이 몇의 몇 배라는 것을 아는 단계입니다. 여기서는 '2개씩 3묶음'이 '2의 3배'라는 의미를 분명히 알아야 합니다. 4단계는 드디어 '2의 3배'를 '2×3'이라는 수식으로 이해하는 단계입니다. 마트의 음료수 묶음에서 수식까지 한 단계씩 거치면서 잘 따라왔다면 이제 곱셈의 원리를 조금 더 자세히 알아봐야 합니다.

곱셈은 같은 수의 반복된 덧셈입니다

묶음을 하나씩 더하는 방법은 동수 누가*(Repeated Addition) 방식입니다. 2를 3번 반복해서 더하면, 2+2+2이지요. 곱셈은 같은 수의 반복된 덧셈으로 정의하고 새로운 기호 ×를 이용해 표현합니다. 즉,

* 비슷한 의미로 나눗셈은 동수 누감(Repeated Subtraction)입니다. 동수 누감에 대한 설명은 뒤에서 다시 하겠습니다.

2+2+2=2×3입니다.

곱셈을 이용하면, 같은 수를 여러 번 더해야 하는 상황이 간단해집니다. 예를 들어 2를 100번 더하는 과정을 보겠습니다.

$$2+2+2+\cdots+2=2\times100=200$$

곱셈의 표기법으로 간단해졌습니다. '×'는 덧셈을 대체할 연산자로 아주 편리한 기호입니다.

곱셈은 앞으로 나오는 수많은 수학 지식과 관련되어 있습니다. 의미도 모른 채 단순한 구구단 암기로 곱셈 교육을 시작하면 절대 안 됩니다. 곱셈을 처음 배울 때는 직사각형 배열과 관련된 실생활 상황에서 묶음을 생각하고, 동수 누가 방식으로 곱셈을 계산해보는 경험을 꼭 해 보아야 합니다.

× 구구단

아이들은 2학년이 되면 곱셈을 배우면서 구구단을 외우게 됩니다. 2단부터 9단까지 외워야 합니다. 학교 수업 시간에도 외우고 집에서도 외웁니다. 보통 2단과 5단을 먼저 외우는 것이 좋다고 추천하고 교과서도 그렇게 되어 있지만, 강요할 필요는 없습니다. 아이들에게 선택권을 주시면 됩니다. 능동적인 선택을 하도록 도와주고, 외우다가 어렵다고 하면 바꿔서 외우면 되지요.

구구단을 처음부터 앵무새처럼 소리 내어 외우게 하면 안 됩니다. 구구단도 지각적 다양성, 수학적 다양성을 고려해서 지도해야 합니다. 자녀들과 마트에 가서 생수병, 음료수 묶음을 마주할 여유가 없으시다면, 스마트폰으로 인터넷 검색을 하셔서 그림이라도 같이 보시기 바랍니다. 온라인 쇼핑몰에도 여러 물건들이 묶음으로 나와 있거든요. 그 밖에 길가에 늘어선 가로수 묶기, 사탕이나 색연필 묶기 등도 가능하죠.

상황을 조직하는 것은 가르치는 사람의 몫입니다. 물론, 반성의 과정에서 아이들에게 다른 상황을 생각해보라고 권해야 하겠지만요.

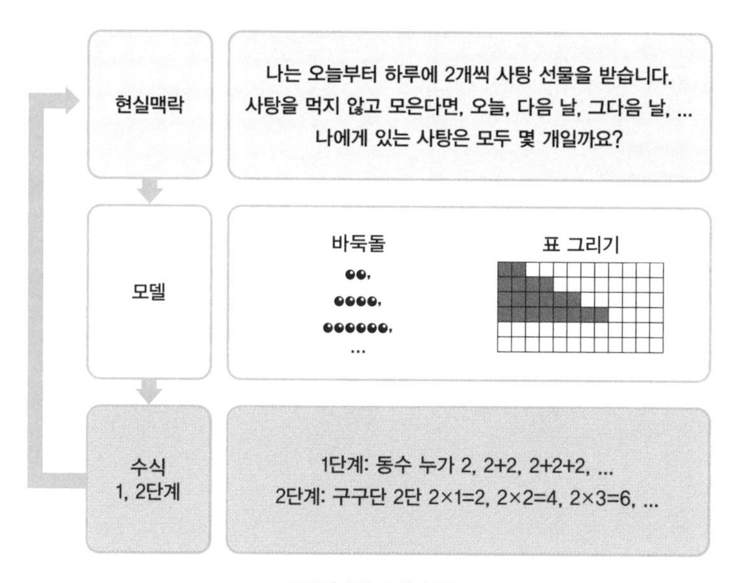

구구단 3단계 학습법

위의 구구단 3단계 학습법에서는 하루에 사탕 선물을 두 개씩 받는 상황을 가져왔습니다. 모델로는 동그라미로 식섭 그림을 그리거나 바둑돌을 이용한 구체물을 이용할 수도 있습니다. 표를 그려보는 활동도 좋습니다. 그림을 많이 그리고 셈을 하다 보면, 왜 구구단을 외워야 하는지 자연스럽게 알게 됩니다. 외우라고 강요하지 말고 그림을 그려보십시오. 그다음 자연스럽게 수학의 세계로 넘어가면 됩니다.

곱셈의 수식 표현은 처음에는 두 단계(1,2단계)로 나누어 합니다.

처음에는 무조건 동수 누가 개념으로 접근하고, 편리한 곱셈 기호를 알려 주기 바랍니다.

	첫날	둘째 날	셋째 날	넷째 날	……
동수누가 (1단계)	2	2+2	2+2+2	2+2+2+2	……
곱셈기호 (2단계)	2×1	2×2	2×3	2×4	……

곱셈은 여러 가지 얼굴을 가지고 있습니다. 아래와 같이 곱셈 기호를 이용한 곱셈식은 여러 가지 표현을 모두 포함하고 있습니다. 아이들에게 바로 곱셈식을 제시하기보다 여러 가지 표현법을 정리하는 수단이 된다는 것을 자연스럽게 알려줄 필요가 있습니다.

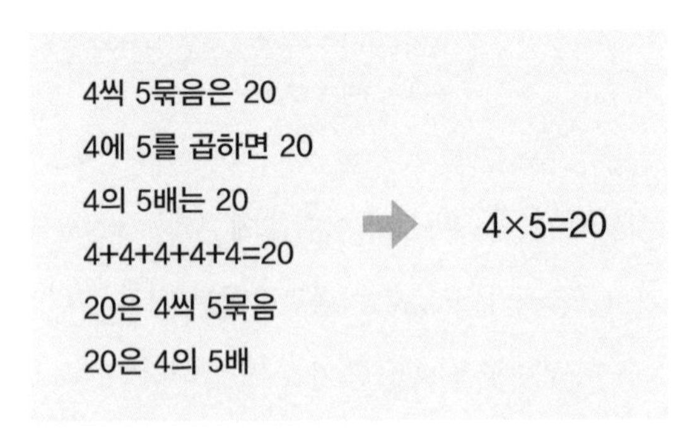

많은 사람들이 거주하고 있는 아파트는 곱셈을 학습할 수 있는 실생활 예로 아주 적절합니다. 직사각형 모델이 곱셈 상황을 잘 표현해 준다고 했죠? 아파트 세대의 직사각형 구조를 시각화하면 됩니다.

예를 들어 어떤 아파트의 한 동은 6층까지 있고, 한 층에 8가구가 산다고 해봅시다. 이때, 한 동에 살고 있는 가구 수를 생각해볼 수 있습니다.

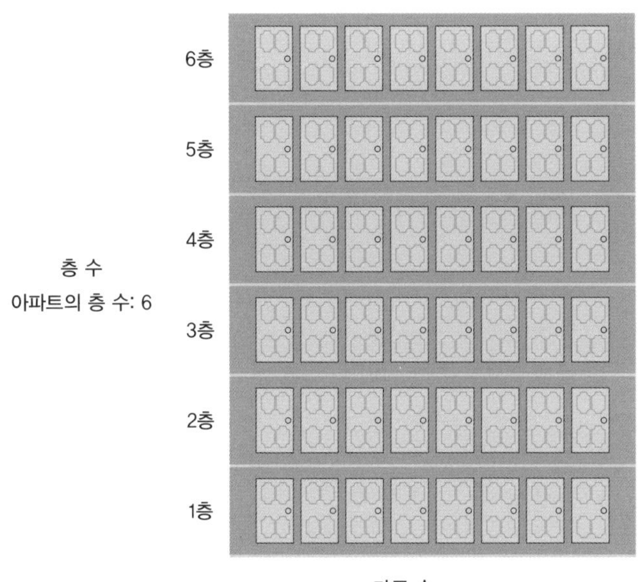

8과 6을 곱하면, 8×6=48입니다. 사실, 가로와 세로의 값들을 곱해 아파트 가구 수를 구하는 원리는 직사각형의 넓이를 구하는 기본 원리이기도 합니다. 가로와 세로가 바뀐 직사각형은 처음 직사각형과 모양은 다르지만, 넓이는 같습니다. 넓이의 개념은 곱셈의 교환법칙을 학습할 때 활용할 수 있습니다.

× 곱셈의 교환법칙

다음 문제를 한번 풀어보기 바랍니다.

[문제] $3 \times 6 =$

이 값을 구하는 풀이 과정 및 답을 쓰시오.

보통은 3+3+3+3+3+3=18이라 생각합니다.

하지만, 6+6+6=18으로 쓸 수도 있겠지요. 어떤 표현이 정답일까요? 두 표현이 다 맞습니다. '3 × 6'을 어떻게 정의했는가에 따라서 두 표현이 모두 가능하거든요.

먼저, 어떤 물건이 3개씩 6묶음이면, 3+3+3+3+3+3=18이고, 6개씩 3묶음으로 이해했으면, 6+6+6=18입니다. 동수 누가의 과정은 전혀 다르지만, 단위가 없이 수로만 나와 있기 때문에 두 표현이 모두 옳습니다. 곱셈에서는 앞뒤의 숫자가 바뀌어도 결과가 같습니다. 이를 곱셈의 교환법칙이라고 합니다.

$$3\times6 = 6\times3$$

곱셈의 교환법칙은 곱셈에서 매우 중요한 내용입니다. 덧셈에서는 3+6과 6+3은 크게 다르지 않지만, 곱셈에서는 앞뒤의 수가 서로 다른 의미를 갖고 있기 때문에 3×6과 6×3은 결과와는 상관없이 전혀 다른 과정의 연산이 됩니다.

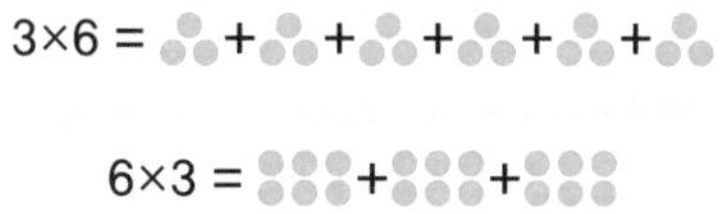

3×6 = ●●● + ●●● + ●●● + ●●● + ●●● + ●●●

6×3 = ●●●●●● + ●●●●●● + ●●●●●●

위의 그림처럼 정의된 곱셈을 생각해보겠습니다. 3×6에서 3은 각 묶음에 있는 동그라미의 개수이고, 6은 여섯 개의 묶음이라는 의미입니다. 앞의 수는 낱개의 개수, 뒤의 수는 묶음의 수이므로 단위가 다릅니다.

그런데, 신기하게 앞뒤를 바꾼 곱셈의 결과는 같습니다. 교환법칙이 성립하는 거예요. 곱셈의 교환법칙을 당연하게 받아들이는 경우가 많은데, 곱의 과정이 전혀 다른 곱셈의 결과가 같다는 것은 놀라운 사실입니다. 이 놀라움을 자녀들과 공유해보시기 바랍니다. 물론 여러 사례를 통해 자연스럽게 받아들여야 한다는 원칙은 변함이 없습니다.

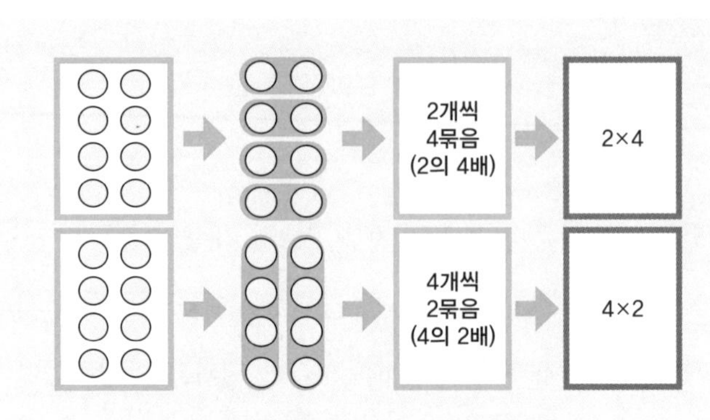

곱셈의 교환법칙의 예 (2×4=4×2)

곱셈의 교환법칙은 구구단을 외울 때 같이 학습하면 좋습니다. 아래와 같은 구구단 표에서 대각선의 제곱수(1의 제곱, 2의 제곱, ……, 9의 제곱)를 기준으로 양쪽의 두 수가 같은 경우는 곱하는 두 수가 바뀐 경우입니다.

×	1	2	3	4	5	6	7	8	9
1	1	2	3	4	5	6	7	8	9
2	2	4	6	8	10	12	14	16	18
3	3	6	9	12	15	18	21	24	27
4	4	8	12	16	20	24	28	32	36
5	5	10	15	20	25	30	35	40	45
6	6	12	18	24	30	36	42	48	54
7	7	14	21	28	35	42	49	56	63
8	8	16	24	32	40	48	56	64	72
9	9	18	27	36	45	54	63	72	81

구구단 표

물론, 교환법칙을 그냥 외우기보다는 표 모델로 접근할 것을 추천합니다. 아래의 표에 $2 \times 4 = 4 \times 2$의 예가 나와 있습니다.

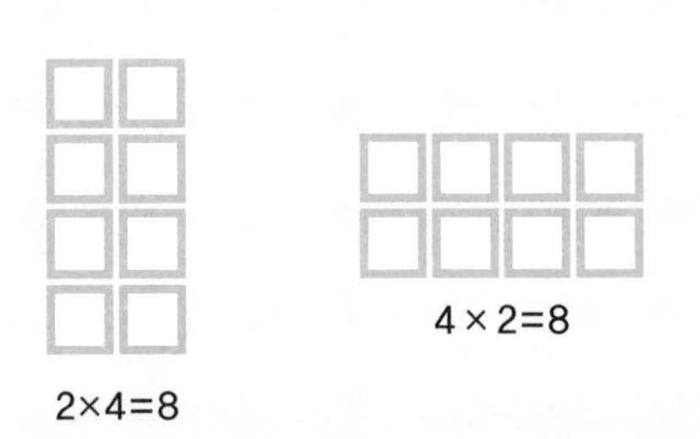

× 넓이, 부피와 연결되는 곱셈 (수학적 연결성)

초등학교 수학은 크게 다섯 개의 영역으로 나뉜다고 했습니다. 곱셈은 '수와 연산' 영역에서 다룹니다. 직사각형의 넓이는 '도형'과 '측정' 영역에 있습니다. 이처럼 곱셈과 넓이 구하기는 수학의 다른 영역에 속해 있지만 실은 서로 긴밀하게 연결되는데요. 초등학교 수학에 나오는 연산과 도형은 '측정' 영역에서 수학적으로 이어집니다.

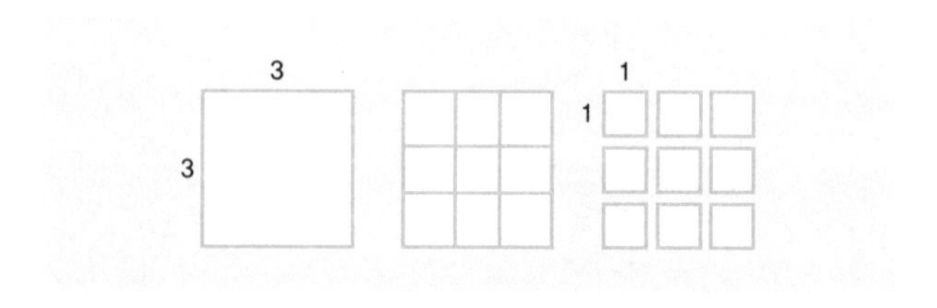

위의 그림은 한 변의 길이가 3cm인 정사각형의 넓이를 구하는 과정을 보여줍니다. 한 변의 길이가 1cm인 정사각형을 '단위 정사각형'

이라고 하면, 한 변의 길이가 3cm인 정사각형은 단위 정사각형이 가로로 3개, 세로로 3개, 즉, 3×3=9개의 단위 정사각형이 쌓여 있는 것과 같습니다. 단위 정사각형의 넓이 $1cm^2$를 '단위 넓이'라고 정의하면, 9개의 단위 정사각형이 있으므로, 넓이는 $9cm^2$입니다.

정사각형의 넓이 구하는 방법은 직사각형으로 확장됩니다. 직사각형의 넓이를 구하면서 교환법칙에 대해 시각적으로 확인이 가능합니다. 예를 들어 가로의 길이가 4cm, 세로의 길이가 2cm로 주어진 직사각형의 넓이를 구하고 가로와 세로의 길이를 바꿔 넓이를 구한 후, 교환법칙이 성립함을 확인해보면 됩니다.

직사각형의 넓이를 구하는 방법은 다음과 같이 일반화할 수 있습니다.

(직사각형의 넓이) = (가로의 길이) × (세로의 길이)

곱셈 개념은 입체 도형의 부피로도 확장이 가능합니다.

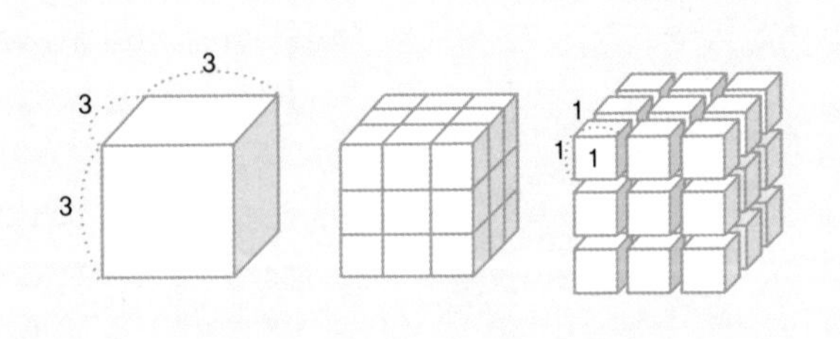

위의 그림은 한 모서리의 길이가 3cm인 정육면체의 부피를 구하는 과정을 보여주고 있습니다. 한 모서리의 길이가 1cm인 정육면체를 '단위 정육면체'라고 하면, 한 모서리의 길이가 3cm인 정육면체는 $3 \times 3 \times 3 = 27$개의 단위 정육면체로 분해됩니다. 단위 정육면체의 부피 $1cm^3$를 '단위 부피'라고 정의하면, 27개의 단위 정육면체가 있으므로, 부피는 $27cm^3$입니다.

정육면체의 부피는 직육면체의 부피로 일반화됩니다. 직육면체의 부피를 구하려면 단위 부피의 몇 배인가를 알아보면 됩니다. 예를 들어 세 모서리(가로, 세로, 높이)의 길이가 각각 4cm, 3cm, 2cm인 직육면체가 있다고 하면, 주어진 직육면체는 단위 정육면체가 가로 방향으로 4개, 세로로 3개, 높이로 2개씩 4×3×2=24개가 쌓여 있습니다.

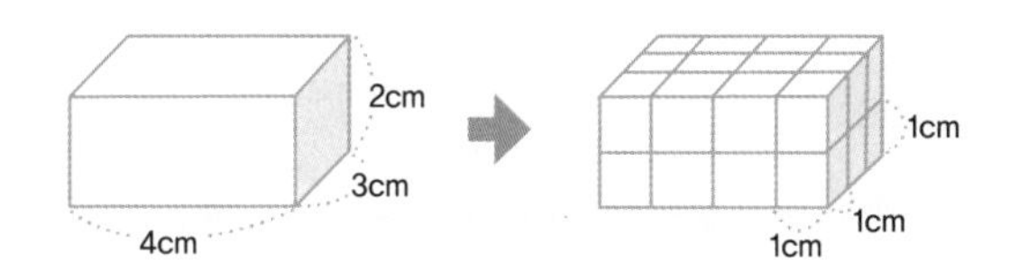

따라서 부피는 단위 부피의 24배, 즉 24cm^{3}입니다. 직육면체의 부피를 구하는 법은 다음과 같이 일반화됩니다.

(직육면체의 부피) = (가로의 길이)×(세로의 길이)×(높이)

= (밑면의 넓이)×(높이)

(길이)와 (길이)를 더하면 같은 단위의 (길이)가 나오지요. 하지만, (길이)와 (길이)를 곱하면 다른 단위인 (넓이)가 나옵니다. 덧셈과 달리 곱셈은 식의 차수를 늘려줍니다. 아이들은 중학교 1학년 수학에서 문자가 포함된 식 $x+x=2x$, $x\times x=x^2$, $x\times x\times x=x^3$을 배웁니다. 문자의 거듭제곱은 식의 차수를 나타냅니다. 앞에서 x, $2x$는 모두 일차식이고, x^2은 이차식, x^3은 삼차식이지요. 즉, 같은 문자끼리 더하면 차

수가 그대로이지만, 곱하게 되면 차수가 하나씩 늘어납니다.

선분의 길이를 두 번 곱하면 넓이가 됩니다. 넓이는 2차원* 평면에 놓인 도형의 크기를 나타내는 양으로 면적(面積)이라고도 합니다. 넓이의 단위는 선분의 길이를 두 번 곱해 $cm \times cm = cm^2$으로 씁니다. 실생활에서는 방의 넓이를 구할 때, 가로의 길이와 세로의 길이를 곱하지요. 방의 가로의 길이가 6m, 세로의 길이가 5m일 때, 넓이는 $6 \times 5 = 30m^2$이 됩니다. 제곱미터와 평수를 변환해주는 계산기를 이용해 보니 $30m^2$는 약 9평 정도 되네요.

선분의 길이를 세 번 곱하면 부피가 됩니다. 부피는 3차원 공간의 입체 도형의 영역의 크기를 나타내는 양으로 체적(體積)이라고도 합니다. 부피의 단위는 선분의 길이를 세 번 곱해 세제곱 $cm \times cm \times cm = cm^3$으로 쓰지요. 직육면체의 부피를 밑넓이와 높이의 곱으로 이해해도 됩니다. 이때, 단위는 $cm^2 \times cm = cm^3$가 됩니다. 이것은 고등학교에서 학습하는 적분(Integral)의 기본 원리입니다. 직육면체의 부피를 밑면의 넓이가 높이만큼 쌓인 것으로 해석할 수 있기 때문입니다. 우리 아이들은 초등학교에서 직선으로 둘러싸인 삼각형, 사각형의 넓이나 직육면체의 부피 구하는 법을 배웁니다. 적분은 곡선으로 둘러싸인 평면도형의 넓이, 혹은 입체도형의 부피를 구할 때 이용됩니다. 초등학생들에게 적분을 가르치지는 못해도, 적분의 기본 원리를 소개할

* 길이, 넓이, 부피는 각각 1차원 도형인 선, 2차원 도형인 평면도형, 3차원 도형인 입체도형의 크기를 나타내는 양입니다. 초등학생들에게 차원(Dimension)에 대해 이야기해줄 수 있는 좋은 주제입니다.

수 있겠네요.

참고로 초등학교 수학에서는 겉넓이도 나옵니다. 겉넓이는 표면적이라고도 하는데, 물체 바깥쪽에 드러난 부분의 넓이의 총합이죠. 실생활에서는 어떤 경우에 이용될까요? 여러분이 지내고 있는 방을 둘러보세요. 방의 여섯 개의 면을 직접 도배하기 위해서 마트에 가서 벽지를 사야 하는 상황을 가정해봅시다. 벽지가 부족하면 안 되니까 넉넉히 사야 합니다. 이 경우, 바닥의 가로와 세로의 길이, 높이만 알고 있으면, 여섯 면의 넓이의 합인 겉넓이를 구할 수 있습니다. 예를 들어 가로가 6m, 세로가 5m, 높이가 3m라고 하면, 바닥과 천장의 넓이는 $6\times5=30m^2$으로 같으며, 앞 뒤 면의 경우는 $6\times3=18m^2$, 좌우 면의 넓이는 $5\times3=15m^2$로 같습니다.

$$\text{겉넓이 } 30\times2+18\times2+15\times2$$
$$=126cm^2$$

이제 마트에 가서 도배하는 데 필요한 만큼 벽지를 사 오면 됩니다.

아이들 앞에 펼쳐진 수학이라는 바다에서 길이, 넓이, 부피를 구할 일은 차고 넘칩니다. 항해를 하면서 넘어야 할 거센 파도가 많습니다. 초등학교에서 처음 만난 잔잔한 물결인 '곱셈'에서 이처럼 넓이와 부피와의 수학적 연결성을 깨달으며 공부한 아이들은 충분히 훌륭한 바다 탐험가가 될 것입니다.

× 10의 거듭제곱(10, 100, 1000, ……)의 곱셈

$$2 \times 60 = 120$$

위의 예와 같이 어떤 수에 10의 거듭제곱이 포함된 수들을 곱할 때 대부분은 0을 뺀 다음 남아 있는 수들을 곱하고, 마지막에 다시 0을 붙이는 식으로 가르칩니다. 이 예에서는 2 × 6 = 12에 0을 뒤에 붙이는 것이죠. 이것은 기계적인 알고리즘으로 문제를 푸는 방법입니다. 기계적인 알고리즘은 개념과 원리를 모두 이해한 다음 써야 합니다. 10의 거듭제곱이 포함되어 있는 곱셈은 '동수 누가'의 개념과 '배'의 개념을 먼저 이해한 다음 쓰도록 합니다.

1. 동수 누가의 개념

200×6	2×60	20×60
200을 6번 더한다 (동수 누가).	2×60=60×2 60을 2번 더한다 (동수 누가).	20×60 =2×10×6×10 =2×6×10×10 =12×100 =100×12 100을 12번 더한다 (동수 누가).

곱셈을 동수 누가로 이해할 때, 반복적으로 여러 번 더하는 일은 생각보다 귀찮습니다. 그래도 해 봐야 합니다. 다만, 교환법칙을 이용해 더하는 횟수를 줄일 수 있도록 만들어준 다음 해 보기를 권합니다.

2. 배(培)의 개념

200×6	2×60	20×60
200×6 =2×100×6 =2×6×100 =12×100 12의 100배이다.	2×60 =2×6×10 =12×10 12의 10배이다.	20×60 =2×10×6×10 =2×6×10×10 =12×100 12의 100배이다.

앞에서 동수 누가 개념을 이해했다면, 10의 거듭제곱이 곱해진 곱

셈의 자릿값을 혼동하지 않게 됩니다. 알고리즘으로만 곱셈을 한 학생은 200×6에서 12와 뒤에 붙는 00만을 기계적으로 떠올릴 뿐, 200을 여섯 번 더해서 1200이 된다는 것은 생각하지 못합니다.

동수 누가 개념을 이해했으면, 배 개념을 통해 알고리즘으로 가야 합니다. 배의 개념은 왜 0을 뺀 다음 곱한 결과에 다시 0을 붙여주는지에 대한 근거를 제시해줍니다.

기본형: 2×6=12

'동수 누가 개념' '배 개념'을 통해 알고리즘을 받아들일 준비가 되었으면, 이제 방법을 알려주시면 됩니다. 0이 포함된 수들의 곱셈은 0을 뺀 기본형 곱셈 결과에 뺀 0을 모두 붙이면 됩니다.

× 곱셈의 알고리즘

덧셈이나 뺄셈과 마찬가지로 곱셈을 하기 위한 방법으로 가로셈과 세로셈이 있습니다. 보통은 자릿값을 올바로 맞추기 위해 세로셈을 이용하는데요. 우선 세로셈과 가로셈의 알고리즘을 살펴보겠습니다.

1. 두 자리 수 × 한 자리 수

$$23 \times 2$$

$$\begin{array}{r} 23 \\ \times \quad 2 \\ \hline 6 \end{array} \leftarrow 3 \times 2 \qquad \begin{array}{r} 23 \\ \times \quad 2 \\ \hline 6 \\ 40 \end{array} \leftarrow 20 \times 2$$

여기서 2×2=4로 생각하고 6 옆에 4를 쓰면 안 됩니다. 반드시, 20×2=40으로 이해하고 아래에 40을 쓰는 연습을 해야 자리 수의 개념에 혼란이 없습니다.

$$\begin{array}{r} 23 \\ \times \quad 2 \\ \hline 6 \\ 40 \\ \hline 46 \end{array}$$

박스 부분은 덧셈입니다. 덧셈을 잘 못하면, 곱셈도 할 수 없으므로 단계별로 필요한 공부를 때에 맞춰 해야 합니다.

가로셈의 방법으로도 곱셈이 가능합니다. 가로셈에는 분배법칙의 아이디어가 포함되어 있습니다. 아래와 같은 식이지요.

$$23 \times 2 = (20+3) \times 2 = 20 \times 2 + 3 \times 2$$

$$= 40 + 6 = 46$$

×	20	3
2	40	6

위와 같은 표 모델로도 가로셈 설명이 가능합니다. 자릿수가 단위의 의미로 쓰인다고 앞에서 말씀드렸죠? 각 자릿수를 행과 열로 적어 2차원의 표를 만들어 두 수를 곱한 값을 표에 적고 다 더해주면 됩니다.

자릿값의 개념이 없이 구구단을 외운 결과로만 세로셈을 하면, 아래와 같은 계산 실수를 할 수 있습니다.

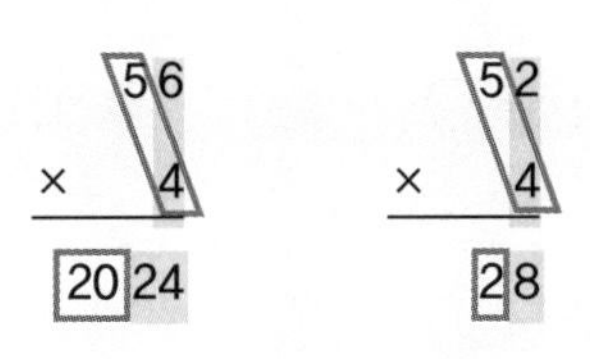

2. 두 자리 수 × 두 자리 수

다음의 예를 보겠습니다.

$$56 \times 40$$

이 곱셈의 계산을 아래와 같이 잘못하는 경우가 있습니다. 이 경우도 자릿값을 구분하지 않고 구구단만으로 세로셈을 한 결과입니다.

```
    56
×   40
------
    24  ←  6×4
   20   ←  5×4
------
   224
```

자릿값을 구분해 아래와 같이 올바로 세로셈을 할 수 있습니다.

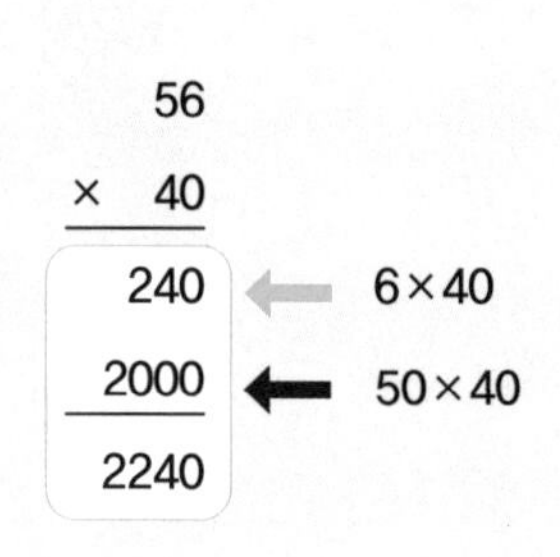

3. 세 자리 수 × 두 자리 수

다음의 예를 보겠습니다.

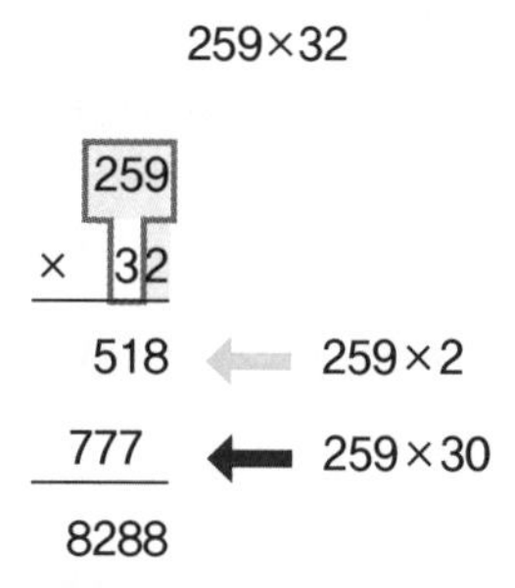

보통 두 번째 단계(회색 화살표 부분)에서 다음과 같은 두 가지 표현 방법이 있습니다.

$$259 \times 3 = 777 \ .... \ (1)$$

$$259 \times 30 = 7770 \ .... \ (2)$$

원칙은 (2)로 해야 옳습니다. 하지만, 이 풀이에서는 (1)로 해봤습니다. 이때, 주의할 점은 한 칸 왼쪽으로 옮겨 써야 한다는 것이죠.

긴 곱셈에서는 보통의 경우 위의 예와 같이 일의 자리 수를 곱하고 다시 십의 자리 수를 곱합니다. 하지만, 십의 자리를 먼저 곱하고 그다음 일의 자리 순서로 계산해도 됩니다. 두 과정을 비교해보겠습니다.

$$\begin{array}{r} 259 \\ \times\ \ 32 \\ \hline 18 \\ 100 \\ 400 \\ 270 \\ 1500 \\ 6000 \\ \hline 8288 \end{array} \qquad \begin{array}{r} 259 \\ \times\ \ 32 \\ \hline 6000 \\ 1500 \\ 270 \\ 400 \\ 100 \\ 18 \\ \hline 8288 \end{array}$$

이처럼 자리수가 커지면 가로셈이 복잡해집니다.

$$\begin{aligned} 259\times32 &= (200+50+9)\times(30+2) \\ &= (200\times30+50\times30+9\times30) \\ &\quad +(200\times2+50\times2+9\times2) \\ &= (6000+1500+270)+(400+100+18) \\ &= 8288 \end{aligned}$$

십진법에서 각 자릿값들은 하나의 단위라고 했습니다. 다음과 같이 각 단위들을 행과 열로 쓴 다음 표를 이용해 곱셈을 할 수도 있습니다.

각 표의 값들은 아래의 화살표의 곱이 만들어낸 결과입니다.

$$259\times32 = (200+50+9)\times(30+2)$$

×	200	50	9
30	6000	1500	270
2	400	100	18

가로셈은 복잡하지만, 한 번쯤은 원리를 이해하는 것이 좋습니다. 무엇보다 자릿값을 올바로 확인하면서 세로셈에 익숙해지도록 연습하는 것이 중요합니다.

아이들이 곱셈을 통해 공부해야 할 내용을 정리하겠습니다.

1. 다양한 예를 통해 동수 누가 방식으로 먼저 곱셈을 이해하기

2. 곱셈의 교환법칙과 곱셈 구구표의 원리 이해하기

3. 10의 거듭제곱 곱셈을 '배'의 개념으로 이해하기

4. 곱셈 연산을 넓이와 부피의 개념으로 연결하기

5. 세로셈의 경우, 십진법 표기법과 자릿수 개념을 이해하고 연산하기

여섯째 날

나눗셈
_나눗셈은 뺄셈의 다른 얼굴

÷ 등분제와 포함제

사과 8개를 아이 2명에게 똑같이 나누어 주면 한 명당 4개씩 가지게 됩니다. 이 상황을 사과 4개씩 2묶음으로 생각하면, 다음과 같은 곱셈식을 생각할 수 있습니다.

$$4 \times 2 = 8$$

곱셈은 몇 개씩 몇 묶음으로 구성된 전체의 개수를 구하는 연산입니다. 앞의 예에서는 4개씩 2묶음으로 전체 개수는 8입니다. 4개씩 2명의 아이들에게 나누어 주기 위해 필요한 사과의 전체의 개수를 구하기 위해서는 곱셈을 해야 하지요. 반면 나눗셈은 전체의 개수를 몇 개씩 묶을 때 몇 묶음으로 나뉘는지(몇 묶음으로 묶을 때, 몇 개씩 묶이는지) 구하는 연산입니다. 여기서는 전체의 개수 8을 4개씩 묶을 때 2묶음으로 나뉘었어요(2묶음으로 묶을 때, 4개씩 묶은 것과 같습니다).

$$8 \div 4 = 2,\ 8 \div 2 = 4 \ \ldots \ (\bigstar)$$

이미 곱셈에서 다루었듯이, 곱셈의 경우에는 교환법칙이 성립되기 때문에 A개씩 B개의 묶음이 되는 상황이 B개씩 A개의 묶음으로 바꿔어도 결과는 같습니다. 하지만, 나눗셈의 경우는 교환법칙이 적용되지 않습니다. 따라서 위의 (★)의 두 나눗셈을 다른 방식으로 이해해야 합니다. 바로 '등분제'와 '포함제'의 개념입니다.

1. 등분제

등분제란 전체를 '몇 부분'이 똑같이 나누어 갖는 것이고, '나눠 가진 한 부분의 양'이 곧 몫이 됩니다.

[문제 1] **과자가 20개 있습니다. 이 과자를 4상자에 똑같이 나누어 담으려고 합니다. 한 상자에 과자를 몇 개씩 넣어야 할까요?**

[풀이] $20 \div 4 = 5$(개)

[문제 2] 딸기 18개를 접시 6개에 똑같이 나누어 담으려고 합니다. 한 접시에 딸기를 몇 개씩 놓아야 할까요?

[풀이] 18 ÷ 6 = 3(개)

[문제 1]과 [문제 2]는 나누는 상황이 아주 비슷합니다. 숫자만 바뀌었을 뿐입니다. 18개를 6묶음으로 나누어야 합니다. 한 묶음에 3개씩 들어가면, 전체의 개수가 정확히 18이 됩니다. 남는 물건은 없습니다.

2. 포함제

포함제란 전체를 '몇 개씩'이 똑같이 나누어 갖는 것이고, '나눠 가진 대상의 수'가 몫이 됩니다. 등분제에서 다룬 예를 그대로 포함제로 바꿔보겠습니다.

[문제 1] 과자가 20개 있습니다. 이 과자를 상자에 4개씩 똑같이 나누어 담으려고 합니다. 몇 상자가 필요할까요?

[풀이] 20 ÷ 4 = 5(상자)

[문제 2] **딸기 18개를 접시에 6개씩 똑같이 나누어 담으려고 합니다. 접시가 몇 개 필요할까요?**

[풀이] 18 ÷ 6 = 3(접시)

전체를 "몇 개씩 똑같이 나누어 담는다."는 것은 전체에서 "같은 수를 거듭 뺀다."는 의미입니다. [문제 2]의 딸기를 예로 들면, 18-6-6-6=0입니다. 이때 몫은 나누어 준 대상의 수이자 반복해서 뺀 횟수입니다.

같은 수를 반복해서 뺀다는 의미로
나눗셈을 동수 누감으로 정의할 수 있습니다.

÷ 포함제를 이용한 나눗셈

우리에게는 등분제보다 포함제가 더 익숙하고 쉽습니다. 대상을 반복해서 빼는 방식으로 나눗셈을 해왔기 때문입니다. 딸기 18개를 3개씩 나누어 주는 활동을 하다 보면, 6명에게 줄 수 있다는 것을 알게 됩니다. 하지만, 딸기 18개를 6개의 접시에 똑같이 나누어 담으려면 먼저 몇 개씩 담을 것인지 결정한 다음(나눗셈이 끝난 다음) 담아야 하기 때문에 어렵습니다. 나눗셈을 포함제로 이해하면, 동수 누감을 활용해 몇 번 뺄 수 있을지만 생각하면 됩니다.

$$56 \div 7 = 8$$

$$56-7-7-7-7-7-7-7-7=0$$

7을 여덟 번 빼면 0이 됩니다. 이때 구구단을 사용하면 됩니다. 7×

8=56이므로 7을 8번 빼면 0이 됩니다. 그러므로 몫은 8이죠. 나눗셈은 등분제의 개념이라도 포함제 개념으로 풀어야 합니다. 동수 누감을 생각해서 풀면, 나눗셈을 보다 쉽게 이해할 수 있습니다. 곱셈의 경우는 동수 누가라고 했죠? 곱셈과 나눗셈은 역연산 관계라는 것을 기억하면 다음과 같은 원리를 자연스럽게 이해할 수 있습니다.

곱셈(동수 누가)	나눗셈(동수 누감)
3 × 6 = 18 (0에서부터 3을 6번 더하면 18이 된다.) 0–3–6–9–12–15–18 +3 +3 +3 +3 +3 +3	18 ÷ 3 = 6 (18에서 3을 6번 빼면 0이 된다.) 18–15–12–9–6–3–0 −3 −3 −3 −3 −3 −3

나눗셈을 동수 누감으로 푸는 연습을 익숙해질 때까지 반복해야 합니다. 다음 문제를 보시죠.

[문제] 오렌지 72개를 6개씩 똑같이 나누어 준다면, 몇 사람에게 나누어 줄 수 있을까?

[풀이] 동수 누감으로 풀면,

72−6−6−6−6−6−6−6−6−6−6−6−6=0

6을 12번 빼서 0이 되었으므로 답은 12명입니다.

[참고] 실생활 맥락이 나오는 나눗셈 상황은 곱셈으로도 연결됩니다. 나누어 준 다음 역으로 다시 모으는 상황을 이용해 곱셈을 설명할 수 있으니까요. 이 문제에서도 나누어 준 오렌지를 모두 모으면, 12×6=72(개)가 됩니다. 한 가지 상황에서 나눗셈 72÷6=12, 곱셈 12×6=72을 모두 공부할 수 있어요.

대다수의 아이들은 72÷6=12에서 나누기 기호와 6을 한꺼번에 등호의 오른쪽으로 넘겨 곱하기로 바꾸면 12×6=72이 된다고 기계적으로 암기합니다. 중학교 1학년 방정식 단원에서 배우는 '등식의 성질'을 의미도 모른 채 주입한 결과입니다. 그러나 이렇게 기계적인 암기를 자꾸 활용하다 보면 아이들은 수학이 의미 없는 수식 놀이라는 부정적인 인식을 갖게 됩니다. 수학 문제 풀이를 잘 하지만, 수학을 좋아하지 않는 우리나라의 다수의 학생들 중 한 명이 되는 겁니다. 지각적으로 다양하게 변화시킨 실생활 예를 이용해 몇 개씩 몇 묶음으로 물건을 배열한 다음, 다시 모아 한 묶음으로 만들어보기 바랍니다. 그리고 이것을 나눗셈과 곱셈으로 표현해보세요. 기계적인 주입식 교육보다 훨씬 세련된 수학 교육 방법입니다.

÷ 나눗셈 모델

곱셈에서는 직사각형 모델, 표 모델을 주로 사용했습니다. 나눗셈은 기본적으로 전체를 일정한 수로 묶는 개념이기 때문에 동그라미와 같은 그림으로 상황을 직접 그려보는 것이 가장 좋습니다. 물론 나눗셈은 곱셈과 역연산 관계에 있으므로, 나눗셈 모델에 곱셈의 아이디어도 같이 들어가 있습니다.

앞에서도 지적했듯이, 곱셈과 나눗셈의 관계를 '등식의 성질'을 모른 채 기계적으로 암기하는 것은 좋지 않습니다. 모델을 이용해 시각적으로 자연스럽게 이해하는 편이 훨씬 좋은데요. 이때 Bond 모델이나 삼각형 모델이 패턴을 발견하는 데 도움을 줍니다.

아래에 Bond 모델이 나와 있습니다. 동그라미에 있는 수를 삼각형의 꼭짓점 부근에 써 넣으면, 삼각형 모델이 됩니다. 2, 3, 6 중에서 가장 큰 수인 6을 맨 위에 쓰고 나머지 두 수를 아래에 적습니다. 그림에서 화살표의 방향을 잘 보세요. 곱셈식은 아래에서 위로 올라가면서 만들어지고, 나눗셈 식은 위에서 아래로 내려오면서 만들어집니다.

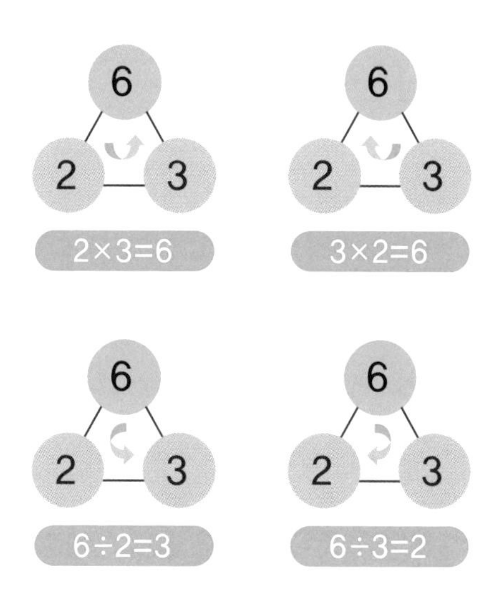

÷ 나눗셈 알고리즘

나눗셈은 아이들이 가장 어려워하는 연산입니다. 곱셈과 마찬가지로 나눗셈 역시 세로셈 방식을 활용할 수 있어요. 세로셈의 방법을 간단하게 알아보겠습니다. 나눗셈은 동수 누감의 원리로 풀어야 한다고 했죠? 18개의 물건을 3개씩 묶는 상황을 생각해봅시다. 이 상황은 아래와 같은 나눗셈 식으로 정리됩니다.

$$18 \div 3$$

이 나눗셈의 몫(묶음의 수)을 구하는 계산은 아래와 같은 알고리즘을 이용합니다.

$$3\overline{)18}$$

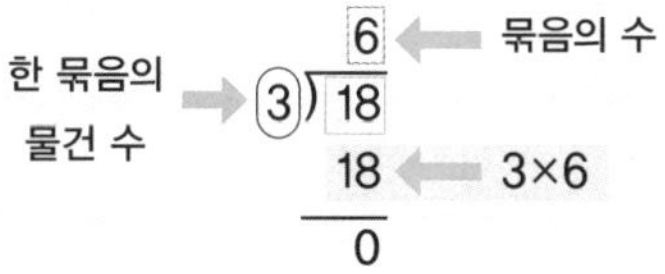

	6	← 묶음의 수
한 묶음의 물건 수 →	③$\overline{)18}$	
	18	← 3×6
	0	

곱셈과 알고리즘의 방식은 비슷합니다. 다른 점은 곱셈에서는 각각의 곱을 세로로 더해 그다음 단계로 넘어가는데, 나눗셈은 각각의 곱을 세로로 빼준다는 것이지요. 여기서도 18에서 18을 빼서 0을 만들었습니다.

위의 문제는 몫이 한 자리 수이기 때문에 복잡해 보이지 않습니다. 몫이 두 자리 수인 경우를 예를 들어 살펴보겠습니다.

78÷2

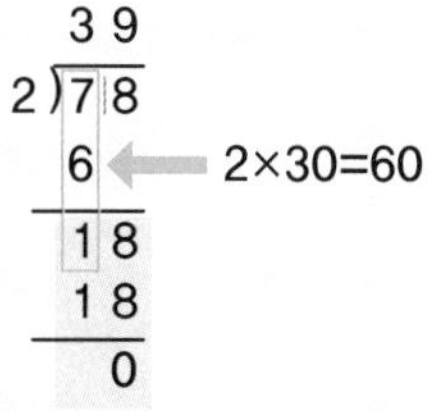

	3 9	
2	$\overline{)7\ 8}$	
	6	← 2×30=60
	1 8	
	1 8	
	0	

자릿수를 구분하기 위해 나누어지는 수의 십의 자리와 일의 자리 사이에 선을 그었습니다. 나눗셈은 반드시 큰 자리 수부터 계산해야 합니다. 먼저, 십의 자리 수 7에서 나누는 수 2를 몇 번 뺄 수 있는지 구합니다. 세 번(3) 뺄 수 있습니다(정확히 말하면, 70에서 2를 30번 먼저 빼는 것입니다). 3을 몫의 십의 자리에 쓰면 됩니다. 여기서 3은 30을 의미합니다. 그다음 7에서 6을 뺀 수 1(10을 의미)을 일의 자리 수인 8과 더합니다.* 더한 값이 18입니다. 이제 18에서 2를 몇 번 뺄 수 있는지 계산합니다. 아홉 번을 빼서 0을 만들 수 있으니, 몫의 일의 자리에 9를 쓰면 됩니다. 몫은 39입니다.

포함제 개념의 동수 누감으로 나눗셈을 풀기 위해 반복적으로 어떤 수를 빼다 보면, 0이 나오지 않는 상황(수가 남는 상황)이 생깁니다. 이를 나누어떨어지지 않는 나눗셈이라고 합니다. 예를 통해 수가 남는 나눗셈에 대하여 알아보겠습니다. 다음과 같은 상황이 주어졌다고 가정해보겠습니다.

* 큰 자리 수부터 나눗셈을 하고 남은 수를 작은 자리 수와 합해서 다시 나눗셈을 하는 것을 내림이 있는 나눗셈이라고 합니다.

[상황] 21개의 사탕을 한 명에게 6개씩 나누어 주면 몇 명에게 나누어 줄 수 있는가? 사탕은 몇 개가 남는가?

$$6\overline{)21}$$

21에서 6을 4번까지 뺄 수는 없고, 3번을 빼면 21-6-6-6=3, 즉 세 개가 남습니다. 이때, 남는 수를 나머지라고 합니다.

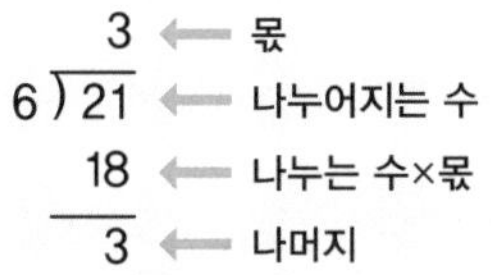

3	←	몫
6) 21	←	나누어지는 수
18	←	나누는 수×몫
3	←	나머지

나머지가 있는 나눗셈의 표현

나누어지는 수	÷	나누는 수	=	몫	…	나머지
21	÷	6	=	3	…	3

이 표현법을 대부분의 학생들이 어려워한다는 연구 결과들이 많이 있습니다. 등호를 중심으로 왼쪽과 오른쪽의 값이 같아야 하는데,

3…3은 수가 아니기 때문에 얼마든지 인지적인 혼란이 발생할 수 있습니다. 이 표현에서는 등호를 21 나누기 6의 몫과 나머지를 정의하는 기호로 봐야 합니다.*

21-6-6-6=3이므로 21에서 6을 3번 빼면 3이 남습니다. 21÷6=3…3의 표현법도 21, 6, 3, 3의 순서대로 되어 있으므로 익숙해질 때까지 연습을 많이 해 봐야 합니다.

나눗셈은 가로셈으로 계산할 수도 있습니다. 아래에 78÷2의 가로셈의 방법이 나와 있습니다. 세로셈과 마찬가지로 큰 자리 수부터 계산합니다. 70을 2로 먼저 나누어 십의 자리 몫 3을 구하고, 나머지 10은 일의 자리 수인 8과 더해 2로 나누어 주어 일의 자리 몫 9를 구합니다. 답은 39입니다. 앞에서 다룬 세로셈에서 사용한 받아 내림이 있는 나눗셈 알고리즘이 그대로 적용되었습니다.

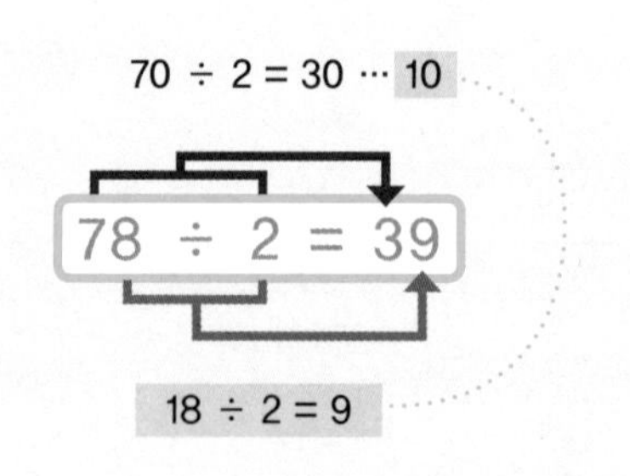

* 수학에서는 등호를 어떤 개념을 정의하는 데 사용하기도 합니다.

나눗셈에서 나누어지는 수의 자릿값을 구분해놓으면 계산 과정에서 일어나는 실수를 줄여줄 수 있습니다. 문제에 가상의 선을 긋는 것이죠. 그다음 동수 누감의 방법으로 큰 자리 수부터 차례로 나눗셈을 해나가면 됩니다. 지금까지 예로 든 나눗셈은 큰 자리 수의 몫이 나오는 경우였습니다.

$$239 \div 28$$

이 나눗셈의 경우는 몫이 한 자리 수입니다. 239에서 28을 몇 번 뺄 수 있는지 구해야 합니다. 정해진 알고리즘이 없이 시행착오의 과정을 거쳐야 합니다. 239에서 28을 동수 누감으로 백 단위(100, 200, ……)와 십 단위(10, 20, ……)만큼을 뺄 수 없으므로 몫의 백의 자리와 십의 자리는 ×로 표시해둡니다.

× ×
28) 2 | 3 | 9

몫은 한 자리 수가 됩니다. 239에서 28을 몇 번 빼면 0에 가까운 자연수가 나올까 생각해봐야 합니다. 물론, 운이 좋아서 나누어떨어질 수도 있습니다만, 일단 대략적으로 어림해야 합니다. 시행착오(Try and error)를 겪다 보면 어림을 통해 나눗셈의 원리를 더 깊게 이해할 수 있게 됩니다.

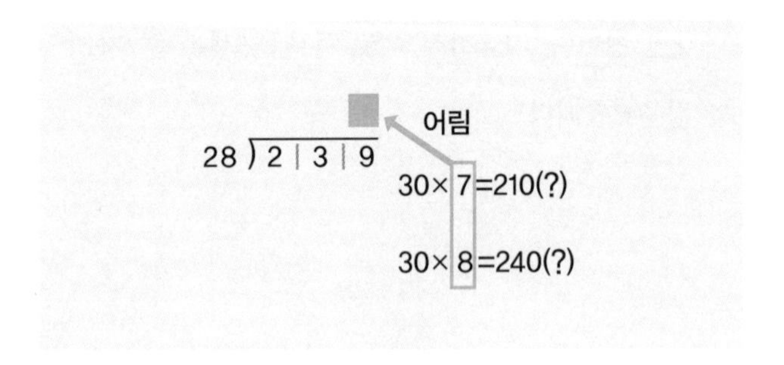

위 그림과 같이 나누는 수를 대략적으로 30으로 생각하면, 몫은 7이나 8이 되겠네요. 그런데, 28보다 큰 30으로 계산한 값이므로 239보다 조금 커도 될 것 같습니다. 그래서 8로 결정하고, 28과 8을 곱해봅니다. 28×8=224이므로 239보다 작습니다. 239에서 224를 빼면 15이고,

15가 28보다 작으므로* 나머지로 적당합니다. 마지막으로 올바로 구했는지 검산해봅니다. 239에서 28을 8번 빼서 15가 남아야 하므로, $239-28\times8=15$**가 되어야 합니다. 계산해 보니 결과가 맞습니다.

$$\begin{array}{r} \textcircled{8} \\ 28\overline{)2|3|9} \\ 2\ 2\ 4 \\ \hline 1\ 5 \end{array}$$

이 과정에서 28과 내가 결정한 수의 곱이 239보다 크면, 더 작은 수를 몫으로 다시 정하면 되고, 나머지가 28과 같거나 큰 경우는 더 큰 수를 몫으로 다시 정하면 됩니다.

아이들이 나눗셈을 통해 공부해야 할 내용을 정리하겠습니다.

* 동수 누감은 뺄 수 있을 때까지 계속 빼는 것이므로 나머지가 나누는 수보다 크거나 같으면 안 됩니다. 나머지는 나누는 수보다 반드시 작아야 합니다.

** 보통은 (나누어지는 수)=(나누는 수)×(몫)+(나머지)의 식을 이용해 검산합니다. 여기서는 239=28×8+15가 되겠네요.

1. 등분제와 포함제를 포함하는 다양한 나눗셈의 예를 경험하기

2. 나눗셈 알고리즘 정확하게 이해하기

(1) 나누어지는 수의 자릿값 구분선 넣기

(2) 높은 자리 수부터 낮은 자리 수까지 동수 누감을 생각해 몇 번 뺄 수 있는지 생각하기

(3) 나누어지는 수의 자릿값 위에 몫을 쓸 수 없는 경우 X 표시

(4) 몫과 나머지 구하기

(5) 검산하기

일곱째 날

분수와 비율 _나와 세상의 관계 이해하기

분수 : 초등 수학에서 맛볼 수 있는 '추상화'의 결정체

분수는 분자와 분모로 이루어진 수입니다. 여기서는 분자와 분모를 자연수로만 한정하겠습니다. 자연수들을 이용해 새로운 수를 만들었습니다. 분수를 표기하는 방식은 아래와 같습니다.

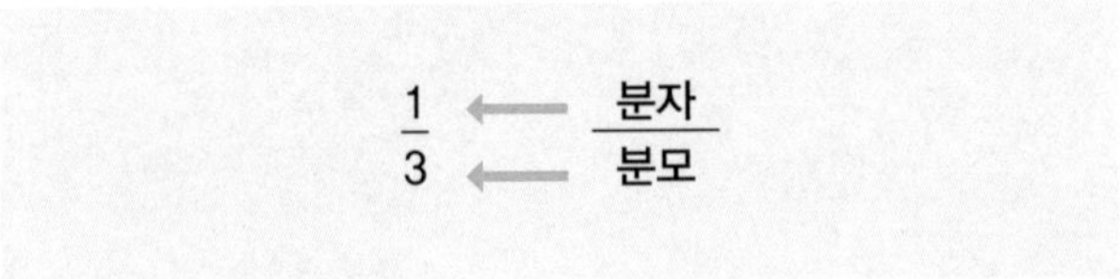

$\frac{1}{3}$

1 ← 분자

3 ← 분모

분수는 전체를 1로 보고, 그 전체를 등분했을 때, 등분한 부분이 몇 개인지를 수로 나타낸 것입니다. 예를 들어 $\frac{1}{3}$은 전체를 3등분했을 때, 3등분한 부분이 1개라는 의미입니다.

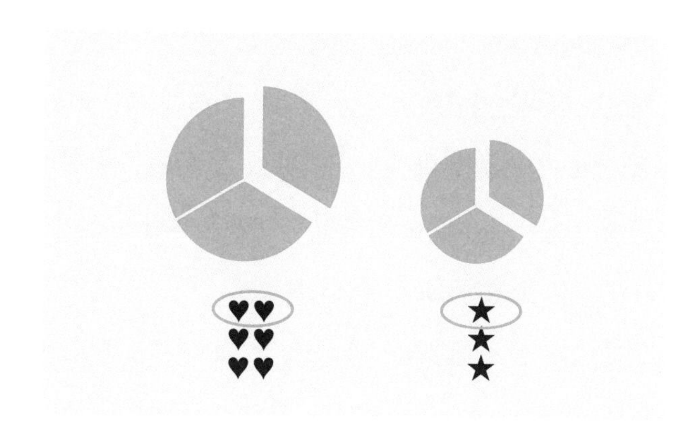

위의 그림처럼 다양한 이미지를 써서 $\frac{1}{3}$을 나타낼 수 있습니다. 큰 원을 3등분한 것 중 1개, 작은 원을 3등분한 것 중 1개, 똑같은 하트를 3등분한 것 중 1개, 별을 3등분한 것 중 1개, 이 모두가 하나의 수 $\frac{1}{3}$로 표현됩니다.

분수는 '전체'에서 가져온 개념이라는 것을 꼭 기억해야 합니다. 사과 $\frac{2}{3}$조각, 피자 $\frac{2}{3}$조각, 하루 24시간의 $\frac{2}{3}$, …… 이 모든 것들이 추상화되어 분수 $\frac{2}{3}$가 됩니다.

우리는 이 책의 앞부분에서 다양한 사물을 추상화하여 자연수로 나타내는 과정을 살펴봤습니다. 연필 1자루, 사탕 1개, 고양이 1마리 ……. 모양과 크기는 각각 다르지만 모두 자연수 1로 나타냅니다. 분수도 마찬가지입니다. 전체의 크기와 모양이 다 다릅니다. 그것을 등분을 한 크기와 모양도 다 다릅니다. 하지만, 전체를 1로 보고, 등분한 전체의 수를 '분모'라 하고 그중에서 몇 개를 '분자'라고 표현하는 원리는 동일합니다.

다른 개념들과 마찬가지로 분수의 의미를 이해하려면 구체적인 실생활 예를 많이 경험해야 합니다. 우리가 평소 자연수를 많이 쓰고 있기 때문에 실생활에서 분수의 개념이 포함된 맥락을 찾기가 어려울 것 같지만 의외로 쉽게 찾을 수 있답니다.

예를 들면, 피자를 8등분했을 때, 1조각이 $\frac{1}{8}$입니다. 종이 한 장을 둘로 나누면 그중 한 장은 $\frac{1}{2}$이 됩니다. 생수 1병 중에서 일부를 마시면 $\frac{1}{3}$이 됩니다. 피자와 종이, 생수는 모두 1개씩인데, 분모가 다 다르기 때문에 다른 분수가 되었습니다. 분수의 개념을 완벽하게 이해하기 위해서는 전체와 부분을 같이 생각할 수 있어야 합니다. 똑같이 1개가 있더라도 전체에서 몇 등분을 했는지에 따라 수가 다른 것이지요.

분모와 분자가 다르더라도 분수가 같을 수 있는데, 이들을 동치 분수(Equivalent fractions)라고 합니다. 예를 들어 $\frac{2}{3}$는 $\frac{4}{6}$와 같습니다.

동치분수

$\frac{2}{3}$

$\frac{4}{6}$

똑같은 분수는 아주 다양한 방식으로 표기될 수 있습니다. $\frac{2}{3}$를 예로 들면 다음과 같습니다.

$$\frac{2}{3}=\frac{4}{6}=\frac{6}{9}=\frac{8}{12}=\frac{10}{15}=\frac{12}{18}=\cdots$$

분자와 분모에 같은 자연수를 곱하면 동치 분수를 만들 수 있습니다. 위의 예는 $\frac{2}{3}$의 분모 분자에 각각 2, 3, 4, 5, 6……을 곱해 만든 동치 분수들입니다. 어떤 수에 자연수 n을 더했다가 빼도 수가 변하지 않듯이, n을 분자와 분모에 각각 곱해도 수는 변하지 않습니다.

$$8+\cancel{2}-\cancel{2}=8$$

$$\frac{2}{3}\times\frac{n}{n}=\frac{2}{3}$$

한편, 모든 동치 분수들을 $\frac{2}{3}$로 만들 수 있습니다. 분자와 분모에 곱한 같은 수를 소거하는 과정을 약분이라고 합니다.

$$\frac{4}{6}=\frac{2}{3}\times\frac{\cancel{2}}{\cancel{2}}=\frac{2}{3}$$

더 이상 약분할 수 없는 분수(여기서는 $\frac{2}{3}$)를 '기약 분수'라고 합니다. 기약 분수는 동치 분수의 '대표 분수'라고 할 수 있습니다. 초등 수학에서는 기약 분수라는 명칭을 사용할 수 없지만, '대표 분수' 개념은 쓸 수 있습니다. 대표 분수를 구하려면 약분을 해야 합니다. 약분을 하기 위해서는 약수(인수)의 개념을 알아야 하는데요. 약수와 인수는 같은 의미로 사용됩니다. 4의 약수인 1,2,4와 6의 약수인 1, 2, 3, 6에 공통으로 있는 수 중에서 가장 큰 수인 최대 공약수로 분모와 분자를 나누어 대표 분수로 만들 수 있습니다. 약수와 인수의 개념은 중학교 1학년 과정에서 소인수분해를 학습하면서 더 자세히 다루게 됩니다. 대표 분수의 개념과 대표 분수를 구하는 과정은 수학의 '추상화'를 아주 잘 나타내주는 부분입니다.

나눗셈 결과를 나타내기 위해 꼭 필요한 분수

작은 수에서 큰 수를 빼는 상황을 생각해볼 수 있습니다.

$$2-3$$

위의 뺄셈의 결과를 나타내기 위해 음수의 개념*이 나왔습니다. 마찬가지로 작은 수를 큰 수로 나누는 상황도 있겠지요?

$$2\div3$$

* 중학교 1학년 과정에서 다룹니다.

이 나눗셈의 결과를 수로 나타내야 하는데, 이때 분수가 필요합니다. 나눗셈에 해당하는 다음과 같은 상황을 생각해보겠습니다.

"피자 2판을 아이들 3명이 어떻게 똑같이 나누어 먹을 수 있을까요?"

우리가 앞에서 도입한 분수의 개념을 이용하면, 첫 번째 피자를 3조각으로 나누어 1개씩($\frac{1}{3}$) 나누어 주고, 두 번째 피자도 3조각으로 나누어 1개씩($\frac{1}{3}$) 나누어 주면 됩니다. 그러면, 아이들은 피자를 $\frac{1}{3}+\frac{1}{3}=2\times\frac{1}{3}=\frac{2}{3}$ 조각씩 먹게 됩니다.

$$2\div 3=2\times\frac{1}{3}=\frac{2}{3}$$

나눗셈은 곱셈으로 바꾸어 계산할 수도 있습니다. 자연수와 분수를 곱할 때, 자연수를 분자와 곱해주면 됩니다. 연산의 관점에서 보면, 분수를 곱셈과 나눗셈으로 이해하면 더 좋습니다. 위의 예에서 살펴봤듯이, 전체의 $\frac{2}{3}$는 전체를 3으로 나누고($\frac{1}{3}$), 2를 곱한 것 ($2\times\frac{1}{3}$) 입니다.

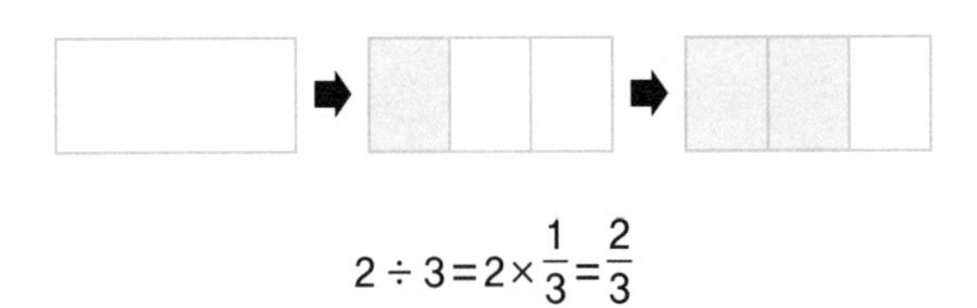

$$2 \div 3 = 2 \times \frac{1}{3} = \frac{2}{3}$$

궁극적으로 나눗셈의 결과를 분수로 표현할 수 있습니다. 분수로 표현할 수 있는 수를 유리수라고 합니다. 물론 자연수도 유리수입니다. $1 = \frac{2}{2}$, $2 = \frac{4}{2}$와 같이 분수로 표현할 수 있기 때문입니다. 유리수는 중학교 1학년에서 다루게 됩니다.

수학은 초등학교 수학부터 중학교, 고등학교까지 나선형 과정으로 이루어져 있습니다. 각 분야가 점점 깊이 들어가는 구조로 되어 있지요. 초등학생에게 유리수의 성질을 가르칠 수 없지만 고학년으로 올라가면 자연스레 배웁니다. 자연수-정수-유리수의 개념으로 수의 개념을 조금씩 확장해가는 것입니다.

$$2 + 3 = 5$$
$$2 - 3 = ?$$
$$2 \times 3 = 6$$
$$2 \div 3 = ?$$

분수를 사용하면 나눗셈의 결과를 표현할 수 있고, 전체와 부분의 관계에 대해서도 이해할 수 있습니다. 전체와 부분의 관계를 이해하고 계산하려면 자연수와 분수의 곱에 익숙해져야 합니다. 몇 가지 문제를 풀어보도록 하겠습니다.

[문제 1] 사탕 12개의 $\frac{1}{2}$은 몇 개인가요? 사탕 6개의 $\frac{1}{2}$은 몇 개인가요?

[풀이] $12\times\frac{1}{2}=\frac{12\times1}{2}=\frac{12}{2}=6$ (개)

$6\times\frac{1}{2}=\frac{6\times1}{2}=\frac{6}{2}=3$ (개)

[문제 2] 우리 학급의 학생 18명 중에서 $\frac{2}{3}$가 안경을 쓰고 있습니다. 안경을 쓰고 있는 학생은 모두 몇 명인가요?

[풀이] $18\times\frac{2}{3}=\frac{18\times2}{3}=\frac{36}{3}=12$ (명)

[문제 3] 상자에 있는 과일 수의 $\frac{2}{3}$가 18개라고 합니다. 전체 과일은 몇 개인가요?

[풀이 1] 문제에서 주어진 부분의 개수와 주어지지 않은 부분의 개수를 모두 구하는 방법

과일 수의 $\frac{2}{3}$가 18개이므로, $\frac{1}{3}$은 18개의 절반인 9개입니다.

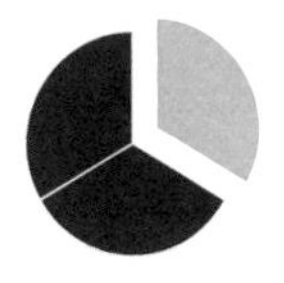

전체 과일 수는 18+9=27(개)입니다.

[풀이 2] n등분했을 때, 한 부분의 수를 이용하는 방법

$\frac{2}{3}$가 18개이므로, $\frac{1}{3}$은 9개입니다. 전체 과일($\frac{3}{3}$)의 수는 9×3=27(개)입니다.

전체와 부분의 관계는 덧셈과 뺄셈으로도 이해할 수 있습니다. 30명 학생 중에서 18명이 남학생일 때, 여학생의 수는 다음과 같은 뺄셈식으로 구할 수 있습니다.

$$30-18=12(\text{명})$$

30명의 학생 중에서 $\frac{3}{5}$이 남학생일 때, 여학생의 수는 다음과 같은 곱셈식으로 구할 수 있습니다.

$$30 \times \frac{2}{5} = 12(\text{명})$$

이처럼 분수와 비율의 개념은 전체와 부분의 관계를 이해한다는 관점에서 일상생활에서 자주 접할 수 있습니다. 아홉째 날로 이어지는 문장제 문제 풀이에서 다양한 예를 확인할 수 있습니다.

비와 비율

비교하는 양(A)과 기준량(B)의 관계는 '비'로 나타낼 수 있습니다.

비교하는 양(A) : 기준량(B)

비를 읽을 때는 'A대 B' 'A와 B의 비' 'B에 대한 A의 비'라고 합니다. '비율'이란 기준량에 대한 비교하는 양의 크기입니다. 비 A : B를 비율로 나타내면 $\frac{A}{B}$가 됩니다.

비율 $\frac{A}{B}$와 비 A : B는 같은 의미로 사용합니다. $\frac{1}{2}$과 $\frac{2}{4}$는 동치 분수이므로, $\frac{1}{2} = \frac{2}{4}$입니다. 두 분수를 비로 나타내면, 1 : 2와 2 : 4입니다. 비율이 같으므로, 비도 같습니다.

$$1 : 2 = 2 : 4$$

같은 비를 등호로 연결한 식을 비례식이라고 합니다. 비교하는 양과 기준량에 각각 0이 아닌 같은 수를 곱해도 비는 같습니다.

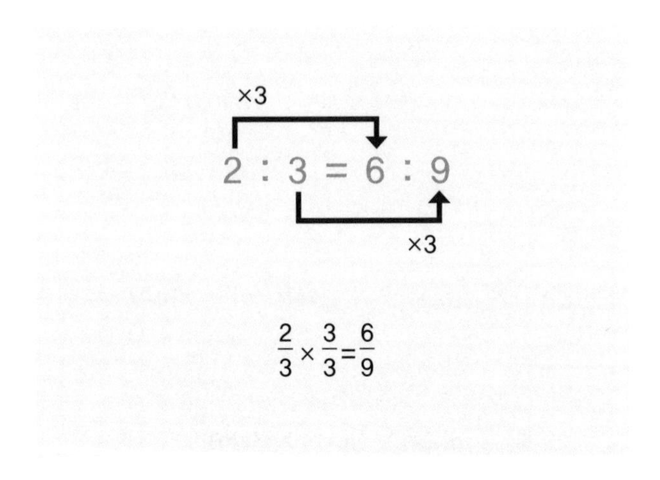

이 과정은 비(분수)에서 분자와 분모에 같은 수를 곱하는 것과 동일한 의미가 됩니다.

외항

2 : 3 = 6 : 9

내항

$$2 \times 9 = 3 \times 6$$

비례식에서 바깥쪽에 있는 두 개의 수를 외항, 안쪽에 있는 두 개의 수를 내항이라고 합니다. 비례식에서는 반드시 외항의 곱과 내항의 곱이 같습니다. 이 성질은 우리가 분수식에서 아주 많이 쓰는 대각선 곱의 법칙과 관련되어 있습니다.

$$2 \times 9 = 3 \times 6$$

'비'와 '비례식'의 개념은 훗날 중학교에서 닮음비와 삼각비를 공부할 때, 그대로 이용되는 개념이며, 정비례 관계, 일차함수의 기울기와도 관련되어 있는 원리입니다. 중·고등학교 수학에서는 함수가 차지하는 비중이 높은데요. '비'와 '비례식'은 아이들이 처음으로 만나는 함수의 개념입니다. 함수는 수의 변화를 나타내는 개념이지요. 아래에서 몇 가지 문제를 통해 '비'와 '비례식'의 의미를 다시 확인해보겠습니다.

[문제 1] **오늘 1시간 일을 해서 18000원 임금을 받습니다. 같은 방법으로 내일 3시간 일을 하면 얼마를 받게 되나요?**

[풀이] 비례식을 이용하면 됩니다.

1 : 18000 = 3 : (   )

외항과 내항의 곱이 각각 같으므로, (   ) = 18000 × 3 = 54000(원)

[문제 2] 물 2L에 설탕 12g을 잘 섞어 설탕물을 만들었습니다. 이 설탕물 1L에는 얼마의 설탕이 녹아 있을까요?

[풀이] 비례식을 이용하면 됩니다.

2 : 12 = 1 : (   )

외항과 내항의 곱이 각각 같으므로, 2 × (   ) = 12이며, (   ) = 6(g)

비율은 보통 1보다 작은 분수나 소수로 표현되기 때문에 실생활에서 쓰기가 불편합니다. 그래서 주로 비율에 100을 곱한 백분율(%, 퍼센트)을 더 많이 사용합니다.

$$\frac{1}{2} \longrightarrow \frac{1}{2} \times 100 = 50(\%)$$

비율 → 백분율

백분율은 우리 주변에서 흔하게 볼 수 있는 수학 개념입니다. 주말에 아이들과 함께 수학 공부를 하러 마트에 가보는 것은 어떨까요? 8000원짜리 물건에 20% 할인이라고 적혀 있습니다. 할인된 가격을 손으로 가리고, 아이들과 함께 얼마인지 생각해보세요. 먼저 20%를 비율로 나타내야 합니다. 백분율로 나타낼 때 100을 곱했으니, 100으로 나누어 비율로 되돌립니다.

$$20 \div 100 = 20 \times \frac{1}{100} = \frac{20}{100} = \frac{1}{5}$$

위 계산에서 나눗셈을 곱셈으로 푸는 개념과 동치 분수의 개념이 사용되었습니다. 전체 금액의 $\frac{1}{5}$만큼 할인이 되는군요. 여기서 기약분수로 만들지 않고, $\frac{20}{100}$을 쓰게 되면 계산이 더 간단해집니다. 원래의 가격에 '20%의 20'을 그대로 곱해준 다음 100으로만 나누면 되거든요.

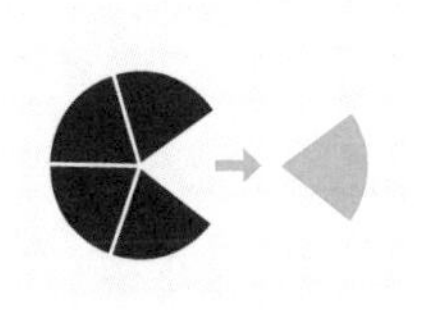

$8000 \times \frac{20}{100} = 1600$(원)이 할인되었습니다. 원래의 가격에서 할인된 가격을 빼면 지불해야 할 금액이 나옵니다. 지불해야 할 금액 $8000 - 1600 = 6400$(원)이 나옵니다.

분수와 비율은 우리 아이들이 무척 어려워하는 개념입니다. 덧셈, 뺄셈, 곱셈, 나눗셈은 정해진 원칙에 따라 계산하면 되지만, 비의 경우는 전체와 부분, 그리고 함수의 개념인 수의 변화를 생각해야 하기 때문이지요. 가르치는 사람에게 주의가 필요한 부분입니다.

아이들이 분수와 비율을 통해 공부해야 할 내용을 정리하겠습니다.

1. 전체와 부분의 관계를 분수라는 '수'로 이해하기

2. 다양한 동치분수 이해하기

3. 나눗셈 결과의 분수 표현 방법 익히기

4. 비와 비율 문제 풀이에 익숙해지기

여덟째 날

도형과 측정 _나를 둘러싼 세상 이해하기

삼각형, 사각형, 원으로 이루어진 세상

÷+×−

우리 주변은 도형으로 가득 차 있습니다. '네모난 TV와 창문' '세모난 옷걸이' '동그란 시계'와 같은 많은 물건의 모양을 동그라미, 네모, 세모 등으로 분류할 수 있지요. 도형 학습은 이처럼 주변의 물건들을 삼각형, 사각형, 원 등의 이름으로 구분하고 이들의 공통된 성질과 서로 다른 성질들을 비교하는 것입니다.

우리 아이들은 아주 어렸을 때부터 모양을 인식하기 시작합니다. 자연 속에도 문명의 산물로 이루어진 일상에도 어김없이 어떤 모양이 숨어 있게 마련이지요. 잘 자란 소나무는 삼각형으로 보이고, 매월 보름이 되면 밤하늘에서 빛나는 완벽한 동그라미를 볼 수 있습니다. 아이들이 다양한 사물에서 다양한 형태의 도형을 인지할 수 있도록 자극하는 것이 중요합니다.

초등학교와 중·고등학교를 거치는 동안 도형 학습은 보다 세분화되고 심화되는데요. 초등학교 저학년에서는 삼각형, 사각형, 원을 도형으로 인식하고, 초등학교 4학년에서는 삼각형과 사각형의 성질에 따라 이등변삼각형, 정삼각형, 평행사변형, 정사각형 등으로 도형을 분류하게 됩니다.

이후 초등학교 5~6학년에서는 삼각형, 사각형, 원의 기본 성질을 바탕으로 측정 영역에서 도형의 넓이와 합동을 학습합니다. 더 나아가 평면 도형을 입체 도형으로 확장해 이들의 부피도 구하게 됩니다. 초등학교를 졸업한 아이들은 중·고등학교에서 도형의 합동 및 닮음을 배우고, 삼각형, 사각형, 원의 성질을 보다 깊게 탐구하게 됩니다.

수학은 우리 인류 역사를 통틀어 가장 오래된 학문 중 하나인데요. 우리에게 익숙한 도형에 대한 연구는 이미 기원전 고대 그리스에서 다 해놨습니다. 기원전 3세기경에 활동했던 유클리드(Euclid)라는 수학자가 쓴 『원론*The Element*』이라는 수학책을 알고 계신가요? 이 책은 20세기 초까지 성경 다음으로 많이 팔린 책으로 2000년 이상 수학 교재로 사용되어온 책입니다. 지금도 우리 아이들은 초등학교와 중학교에서 『원론』에 나온 도형에 대한 성질을 배우고 있습니다.

'수와 연산' 영역과 '도형' 영역은 전혀 달라 보이지만, 아주 밀접하게 관련되어 있습니다. 도형에서 변의 길이나 넓이를 구할 때, 덧셈과 뺄셈, 곱셈과 나눗셈을 해야 하기 때문에 결국 사칙연산에 대한 자신감이 없으면, 도형 학습도 어렵게 됩니다. '수와 연산'에 대한 바탕이 단단해야 하므로 어쩌면 도형 문제 풀이가 더 어려울 수 있지요.

그렇다고, 도형의 둘레의 길이나 넓이 구하기 등을 무조건 공식을 통해 암기하는 것은 옳은 학습 방법이 아닙니다. 공식의 암기는 오히려 도형 학습을 어렵게 만드는 요인이 됩니다. 도형의 기본적인 정의나 원리에 대한 이해가 선행되어야 합니다. 그다음 공식을 암기하고 문제 해결에 적용하면 됩니다.

특히 도형 학습을 처음 시작하면서 다루게 되는 삼각형과 사각형에 대한 올바른 이해가 원과 입체 도형에 대한 학습에도 영향을 미치게 됩니다. 무엇보다 이등변삼각형, 정삼각형, 사다리꼴, 평행사변형과 같은 도형의 용어를 정확하게 이해하는 것부터가 시작입니다. 이후 삼각형과 사각형을 분류하고, 도형의 둘레의 길이와 넓이를 구하는 방법까지 정확하게 알고 있어야 합니다.

도형은 우리 주변에서 흔히 볼 수 있는 현상을 '수학화'한 개념입니다. 실생활에 살아 있는 수학이죠. 도형의 명칭이나 성질을 암기하는 것에서 더 나아가 기본적인 성질에 대한 이해를 통해 수학 학습을 확장해 간다면, 실생활에서도 재미있는 수학을 맛볼 수 있을 것입니다.

초등학교 전 과정에서 나오는 '도형과 측정' 영역의 내용은 무척 다채롭습니다. 여기서는 아이들이 많이 어려워하는 내용을 주로 다루겠습니다. 바로 사각형, 입체 도형, 원입니다. 먼저 사각형을 분류하는 수학적인 원리를 살펴보겠습니다. 그다음 각 입체 도형의 뜻을 알아보고, 입체 도형의 꼭짓점, 모서리, 면의 관계를 수식으로 이해하고 수학을 통해 우리 주변의 사물을 어떻게 정리할 수 있는지 살펴보겠습니다. 마지막으로 원주율 π를 알기 쉽게 도입하고, 원주율을 통해 원의 둘레의 길이와 원의 넓이를 구해보겠습니다. 여기서 삼각형과 사각형의 넓이 구하는 방법을 근본적으로 같이 살펴보게 됩니다.

● 사각형의 분류

각이 네 개, 변이 네 개가 있는 도형을 사각형이라고 합니다. 학교에서는 다음의 다섯 가지 사각형을 다루게 됩니다. 각각의 특징을 살펴보겠습니다.

1) 사다리꼴: 마주보는 한 쌍의 변이 서로 평행한 사각형
2) 평행사변형: 마주보는 두 쌍의 변이 서로 평행한 사각형
3) 마름모: 네 변의 길이가 모두 같은 사각형
4) 직사각형: 네 각이 모두 직각인 사각형
5) 정사각형: 네 변이 모두 같고, 네 각이 모두 직각인 사각형

4학년과 5학년 과정에서 사각형의 분류와 넓이 구하는 방법을 다루게 되는데요. 각 사각형의 정의를 분명히 알고 있어야 합니다. 사실, 일반 사각형 ⇨ 사다리꼴 ⇨ 평행사변형 ⇨ 마름모와 직사각형 ⇨ 정사각형으로 가면서 조건들이 한 개씩 추가된 것입니다. 보통의

경우 직사각형과 정사각형은 이해를 잘 하고 넓이도 잘 구합니다. 그런데, 사다리꼴과 평행사변형, 마름모의 개념은 어려워합니다. 직사각형과 정사각형은 우리 주변에서도 흔하게 볼 수 있는 익숙한 사각형인데다가 넓이를 구하는 방법이 다른 사각형에 비해 쉽기 때문입니다.

사각형의 분류에 대한 이해를 돕기 위해서는 각 조건이 추가된 확장의 개념으로 '사각형 ⇨ 사다리꼴 ⇨ 평행사변형'의 순으로 학습해야 합니다. 이후 평행사변형에서 네 변의 길이가 같으면 마름모, 네 각의 크기가 같으면 직사각형, 네 변과 네 각이 모두 같으면 정사각형으로 정의해나가야 합니다. 이렇게 될 경우 사각형의 분류가 자연스럽게 이루어집니다.

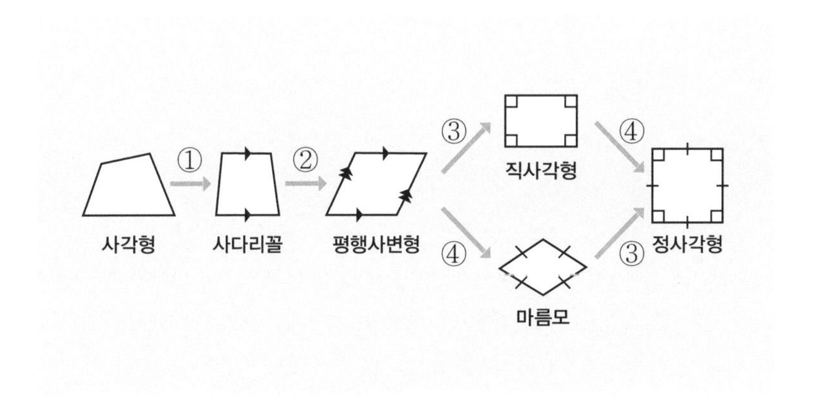

위의 그림에서 ①, ②, ③, ④ 조건을 추가해 사다리꼴, 평행사변형, 직사각형, 마름모, 정사각형을 다음과 같이 설명할 수 있습니다.

① 사각형에서 한 쌍의 마주보는 변이 평행한 사각형은 사다리꼴이다.

② 사다리꼴에서 나머지 한 쌍의 마주보는 변도 평행하면 평행사변형이다.

③ 평행사변형에서 네 각이 모두 직각인 사각형은 직사각형이다.

④ 평행사변형에서 네 변의 길이가 모두 같은 사각형은 마름모이다.

③④ 직사각형이 네 변의 길이가 같으면 정사각형이다.

④③ 마름모가 네 각이 모두 직각이면 정사각형이다.

화살표에서 알 수 있듯이 오른쪽으로 갈수록 조건이 강해지는 것이지요. 분류된 사각형을 아래와 같은 그림의 포함 관계로도 나타낼 수 있습니다. 사각형의 분류와 관련된 내용은 중학교 2학년 과정에서도 또 나옵니다. 이 포함 관계 그림도 마찬가지로 중학교 2학년이 되면 또 볼 수 있습니다.

사각형이라는 돌을 갈고 닦아 사다리꼴로 만들 수 있고, 또 평행사변형, 직사각형, 마름모로 만들 수 있습니다. 가장 가운데 정사각형이 있습니다. 정사각형은 모든 조건들을 포함하고 있는 가장 아름다운 사각형 정도로 이해하면 될까요?

이 그림을 통해 '논리' 학습을 할 수 있습니다. 수학에서는 명제라고 하는데요. 다음의 문장이 옳은지 여부를 생각해보시겠어요?

1) 정사각형은 마름모이다.

2) 평행사변형은 직사각형이다.

3) 직사각형은 사다리꼴이다.

1)의 경우 정사각형은 모든 사각형의 성질을 갖고 있기 때문에 맞습니다. 반대로 '마름모는 정사각형이다.'라는 문장이 나왔다면, 옳지 않습니다. 2)의 경우는 직사각형이 평행사변형보다 강한 조건의 사각형이기 때문에 '직사각형은 평행사변형이다.'라고 해야 옳습니다. 마지막으로 3)은 직사각형이 사다리꼴의 성질을 가지고 있기 때문에 옳은 말입니다. 포함 관계로 이해하면, 논리에 대한 학습도 가능해집니다.

● 입체 도형

6학년 도형 영역에서는 주로 입체 도형을 다룹니다. '수와 연산' 영역과 마찬가지로 다양한 구체물을 바탕으로 도형을 공부하게 되는데요. 먼저 우리 주변을 한번 살펴봅시다. 입체 도형이 정말 많습니다. 우리가 주기적으로 하는 재활용품 분류를 이번 공부에 적용해봅시다.

재활용품에는 과자 상자, 음료수 캔, 우유 팩, 물병, 플라스틱 그릇, 종이 뭉치 등 종류가 엄청 다양합니다. 이것들을 어떻게 분리해야 할까요? 한번 모양에 따라 분류해볼까요? 우유 팩, 상자, 플라스틱 그릇은 같은 종류로 생각하여 분리하고, 캔을 따로 분리해야 하겠지요. 캔은 둥근 원기둥 모양이고, 상자, 플라스틱 그릇, 우유 팩은 직육면체 모양이니까요. 이처럼 일상에서 자주 볼 수 있는 물건들을 떠올리면 입체도형의 성질을 보다 자연스럽게 학습할 수 있습니다. 이제 각 입체 도형의 뜻을 알아보고, 도형의 요소(꼭짓점, 모서리, 면)들의 특징을 비교해보겠습니다.

1. 직육면체와 정육면체

아래의 그림과 같이 직사각형 모양의 면 6개로 둘러싸인 도형을 직육면체라 하고, 6개의 면이 모두 정사각형인 도형을 정육면체라고 합니다.

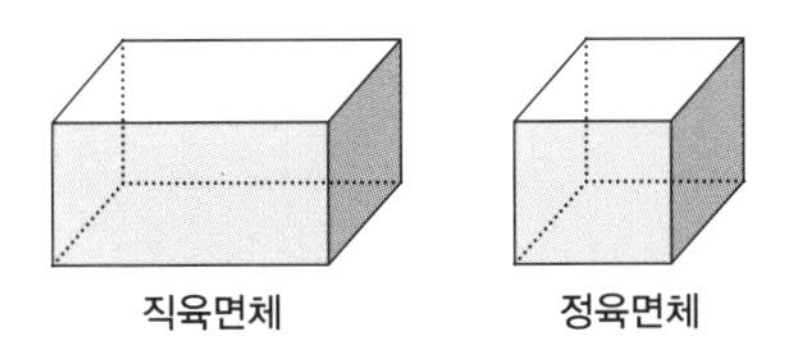

직육면체와 정육면체는 가장 기본적인 입체 도형입니다. 입체 도형은 평면 도형에 높이라는 요소가 추가된 도형인데요. 우리가 3차원 공간에 살고 있듯이, 입체 도형은 3차원 도형이라고 할 수 있습니다.

〈직육면체와 정육면체의 성질 비교〉

	직육면체	정육면체
면	6개	6개
모서리*	12개	12개
꼭짓점	8개	8개
면의 모양	직사각형	정사각형
모서리의 길이	4개씩 같음	모두 같음

* 평면도형에서는 변이라고 하지만, 입체도형에서는 모서리라는 용어를 씁니다.

각기둥은 위와 아래에 있는 면이 평행하고 합동인 다각형으로 이루어진 입체 도형입니다. 각기둥의 평행한 두 면을 '밑면', 밑면에 수직인 면을 '옆면', 두 밑면 사이의 거리를 '높이'라고 합니다. 각기둥의 옆면은 항상 직사각형입니다. 각기둥은 밑면의 모양에 따라 이름이 정해지는데요. 삼각기둥, 사각기둥, 오각기둥, 육각기둥이 대표적입니다.

아래의 그림에서 각기둥의 구성 요소의 명칭과 각기둥이 아닌 입체 도형의 몇 가지 예를 확인할 수 있습니다.

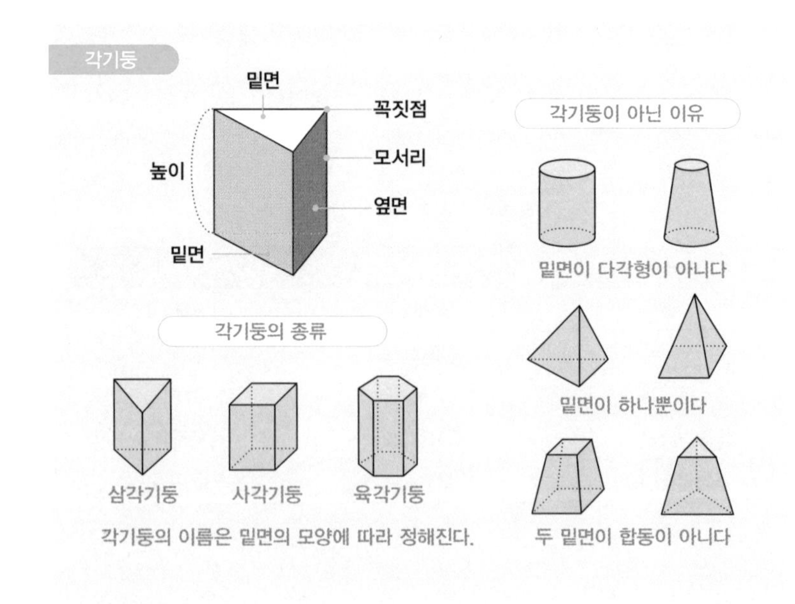

각기둥에서 면과 면이 만나는 선분을 모서리라 하고, 모서리와 모서리가 만나는 점을 꼭짓점이라고 합니다. 각기둥의 면, 모서리, 꼭짓점의 수를 알아보는 것은 수학적으로 의미가 있습니다. 직접 하나씩 세어 보는 것도 좋지만, 각기둥의 성질에 대한 이해를 바탕으로 다음과 같은 수식으로 이해할 수 있어야 합니다. 각기둥의 면, 모서리, 꼭짓점의 수를 세기 위해서는 밑면의 변의 수만 알고 있으면 됩니다.

(각기둥의 면의 수) = (밑면의 변의 수) + 2

(각기둥의 모서리의 수) = (밑면의 변의 수) × 3

(각기둥의 꼭짓점의 수) = (밑면의 변의 수) × 2

이제 각뿔에 대해 알아보겠습니다. 각뿔을 학습할 때, 이집트의 피라미드를 생각해 보면 아주 좋습니다. 거대한 피라미드의 밑면은 사각형, 옆면은 삼각형 모양을 하고 있지요. 피라미드처럼 밑면이 다각형이고, 옆면이 삼각형인 입체 도형을 각뿔이라고 합니다.

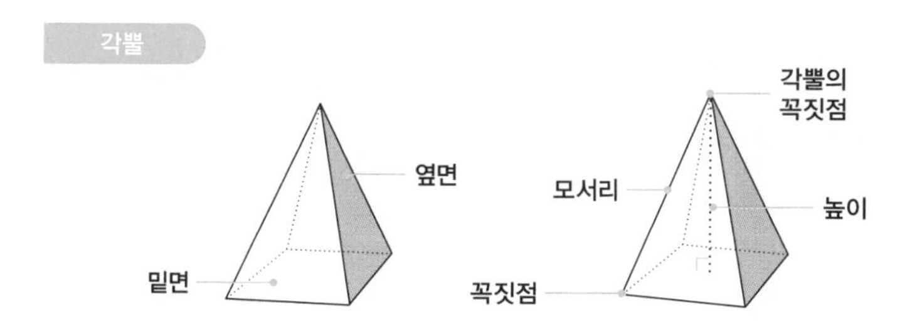

각뿔도 각기둥과 마찬가지로 밑면의 모양에 따라서 이름이 정해집니다. 각뿔의 옆면 모양은 삼각형이고, 그 개수는 각기둥과 마찬가지로 밑면의 변의 개수와 같습니다. 즉 밑면이 삼각형이면, 옆면의 개수는 3개, 사각형이면 4개, 오각형이면 5개이지요.

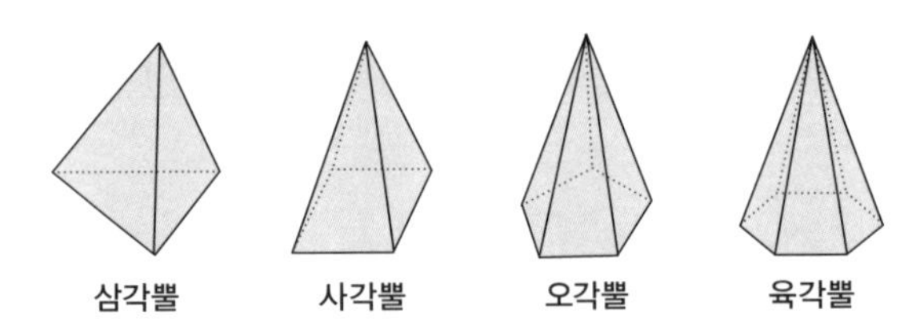

각뿔의 구성 요소는 각기둥과 어떻게 다를까요? 각뿔에서도 면과 면이 만나는 선분을 모서리라 하고, 모서리와 모서리가 만나는 점을 꼭짓점이라고 합니다. 꼭짓점 중에서 모든 옆면이 한 점에서 만나는 공통인 점이 있지요. 모든 옆면이 만나는 공통된 이 점을 각뿔의 꼭짓점이라고 합니다. 각뿔의 꼭짓점에서 밑면에 수직인 선분의 길이가 바로 높이가 됩니다.

〈각기둥과 각뿔의 성질 비교〉

	각기둥	각뿔
밑면의 수	2개	1개
옆면의 모양	직사각형	삼각형
면의 수	(밑면의 변의 수)+2	(밑면의 변의 수)+1
모서리의 수	(밑면의 변의 수)×3	(밑면의 변의 수)×2
꼭짓점의 수	(밑면의 변의 수)×2	(밑면의 변의 수)+1

각기둥도 아니고, 각뿔도 아닌 입체 도형이 있습니다. 각뿔을 그 밑면에 평행인 평면으로 잘랐을 때 생긴 입체 도형인데요. 이 도형을 '각뿔대'라고 합니다. 각뿔대는 두 밑면의 크기가 다릅니다. 그리고 각기둥은 옆면이 직사각형이지만, 각뿔대의 옆면 모양은 사다리꼴입니다.

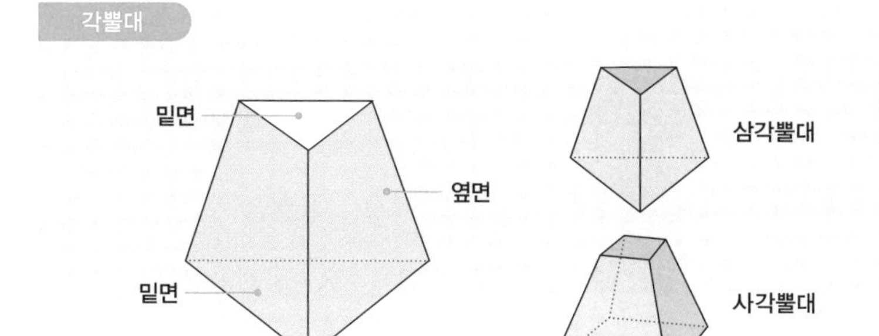

● 원

어느 방향에서 봐도 동일한 모양인 원은 자연과 우주의 비밀을 담고 있습니다. 지구를 포함한 대부분의 행성들과 별은 구 모양을 하고 있지요. 또한 행성들은 (타)원 궤도로 별 주위를 공전합니다.

고대 바빌로니아 사람들은 이미 기원전에 천체 기하학의 원리를 이해했으며, 행성들의 공전 궤도까지 계산했다고 합니다. 그들은 지구의 공전 주기를 360일로 계산했기 때문에 360이라는 숫자는 신성한 신의 숫자였지요. 하루에 지구가 태양 주위를 공전한 각도를 1도로 정의하면, 360일이 지나면 360도가 되며 지구는 다시 제자리로 옵니다. 컴퍼스로 원을 그리려면 360도 회전해야 하는 원리입니다.

시간 단위를 한번 살펴볼까요? 60초는 1분이고, 60분이 1시간입니다. 우리는 왜 60을 시간 단위로 사용할까요? 10이나 100단위에서 초가 분으로, 분이 시간으로 넘어가지 않고 말입니다. 우리 주변에서 흔하게 볼 수 있는 도형인 원에서 왜 시간을 60진법으로 사용하는지 그 이유를 찾을 수 있습니다.

고대의 바빌로니아인들은 원둘레의 길이를 그 원의 반지름으로 나누면 약 6등분이 된다는 사실도 알고 있었습니다. 원을 6등분을 하면, 한 부분은 중심각이 60도인 부채꼴이 됩니다. 바빌로니아 인들에게 360과 함께 60도 신성한 수였습니다. 360을 단위로 하기에는 숫자가 크기 때문에 바빌로니아인들은 60을 기준으로 한 60진법을 사용해 시간을 표현했습니다. 60은 2, 3, 4, 5, 6, 10과 같은 수로 다양하게 나누어지기 때문에 시간을 기술하기 아주 좋은 수입니다 .

1. 원주와 원주율

원의 둘레의 길이를 원주라고 합니다.

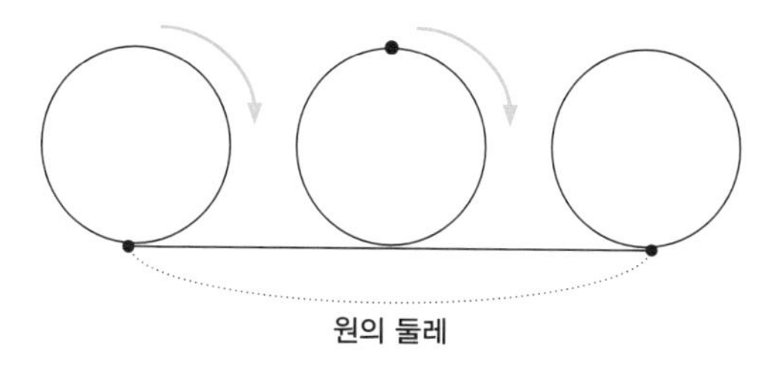

학교를 졸업하고 오랜 시간이 흘러도 유독 머리에 남아 있는 몇몇 지식들이 있습니다. 국어 과목의 경우엔 용비어천가의 앞부분, 화학

은 주기율표, 물리에서는 $E=mc^2$ …… 이런 것들이죠. 마찬가지로 수학에서는 원의 넓이를 구하는 공식인 '반지름×반지름×3.14'가 강력하게 머릿속에 남아 있곤 합니다. 여기서 3.14는 원주율이라고 하며, 중·고등학교에서는 π(파이)라고 공부했지요. 원주는 원의 둘레의 길이를 의미합니다. 원주율은 수학에서 매우 중요한 의미를 지니고 있는 무리수입니다. 원주율 3.14에 대해 알아보겠습니다.

줄이나 실을 이용하여 원통 모양의 물건에서 원주와 지름의 길이를 재어보고 원주는 지름의 길이의 몇 배인지 알아봅시다.

물건	원주	지름의 길이	(원주)÷(지름)
딱풀	9.42cm	3cm	3.14
PVC 파이프	18.84cm	6cm	3.14
깡통	31.4cm	10cm	3.14

원의 지름의 길이에 대한

원주의 비율을 원주율이라고 합니다.

(원주)÷(지름)

원에서 원주와 지름의 비는 일정합니다.

└원의 둘레의 길이

(원주)÷(지름)=3.14159…*

3.14159…는 보통 반올림하여 3.14로 사용합니다

원의 크기가 달라져도 지름의 길이에 대한 원주의 비율은 3.14로 일정합니다. 이제 아래와 같이 원주와 원주율의 관계를 정리할 수 있습니다.

(원주율) = (원주) ÷ (지름)

(원주) = (지름) × (원주율)

= (지름) × 3.14

= (반지름) × 2 × 3.14

* 동일한 숫자 배열을 찾을 수 없는 무한소수, 즉 무리수입니다. 무리수의 개념은 중학교 3학년 과정에서 다룹니다.

원의 넓이를 구하는 공식의 원리를 이해하려면 삼각형의 넓이와 평행사변형의 넓이 구하는 과정을 먼저 이해해야 합니다. 삼각형과 평행사변형의 넓이를 구하는 방법은 5학년 과정에서 다루게 되는데요. 먼저 평행사변형의 넓이를 구하는 방법을 알아보겠습니다.

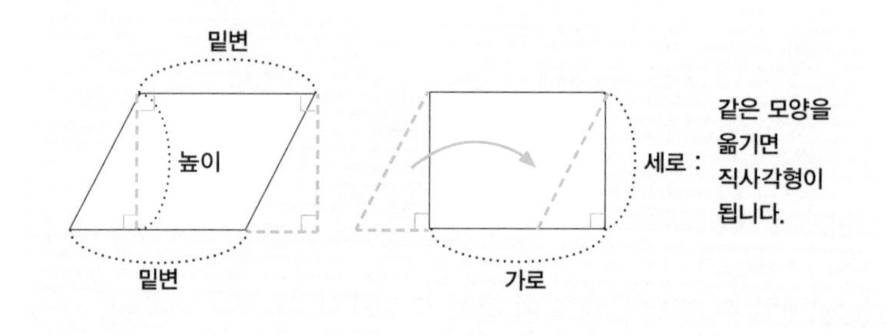

위 그림에서 평행사변형이 직사각형이 되는 과정을 보세요. 평행사변형의 밑변이 직사각형의 가로가 되고, 높이가 세로가 되었지요? 직사각형의 넓이가 '가로의 길이×세로의 길이'이므로 평행사변형의 넓이 공식을 쉽게 생각할 수 있습니다.

평행사변형 넓이 공식

평행사변형의 넓이 = (밑변) × (높이)

이번에는 평행사변형의 넓이 구하는 방법을 이용해서 삼각형의 넓이를 구해봅시다. 생각보다 훨씬 쉽게 구할 수 있는데요. 똑같은 삼각형 두 개가 있으면 평행사변형을 만들 수 있기 때문입니다.

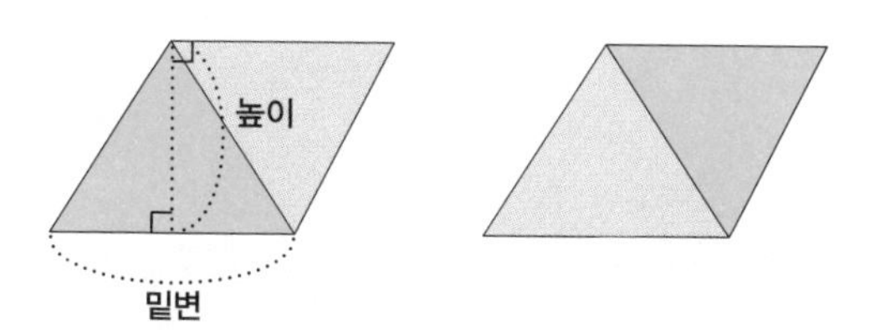

삼각형 하나의 넓이는 평행사변형의 넓이를 반으로 나눈 것으로 생각하면 됩니다.

삼각형 넓이 공식

삼각형의 넓이 = (평행사변형의 넓이) ÷ 2

= (밑변) × (높이) ÷ 2

우리가 쓰는 넓이의 단위로 단위 길이가 가로 세로인 정사각형 넓이를 사용합니다. 이 단위를 적용하기 위해 삼각형을 평행사변형으로, 그리고 평행사변형을 직사각형 모양으로 바꾼 것입니다. 원도 마찬가지입니다. 초등학교 수준에서 원의 넓이를 구하기 위해서 원을 어떻게 변화시켜야 할까요? 아래의 그림과 같이 원을 아주 잘게 나누어서 생각해야 합니다.

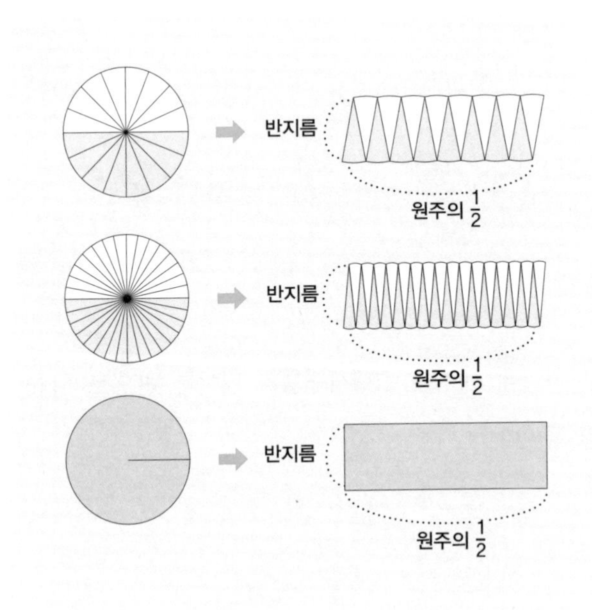

위 그림과 같이 원을 아주 잘게 쪼개서 조각을 서로 엇갈리게 붙이면, 직사각형 모양이 됩니다. 위에서 세 번째 그림을 보면, 원이 직사각형으로 변했잖아요? 이런 과정을 통해 원을 직사각형으로 변신하게 한 뒤, 직사각형의 넓이를 구하면 그만입니다.

그렇다면 '직사각형의 넓이=가로×세로'이고, 이 그림에서 '가로=

원주의 $\frac{1}{2}$'이고 '세로=반지름'이니 원의 넓이는 '원주의 $\frac{1}{2}\times$반지름'입니다. 그런데 앞에서 원주=2×반지름×3.14라고 했으니, 원의 넓이는 '반지름×반지름×3.14'가 되는 것입니다.

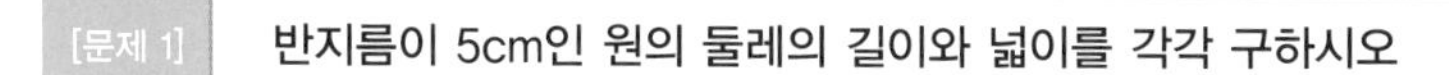

[문제 1] 반지름이 5cm인 원의 둘레의 길이와 넓이를 각각 구하시오

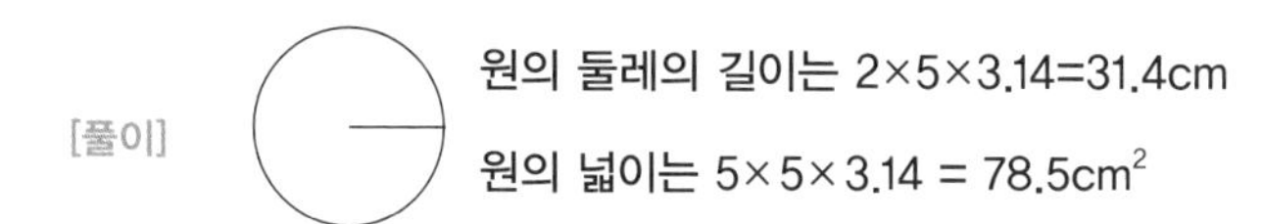

[풀이]

원의 둘레의 길이는 2×5×3.14=31.4cm

원의 넓이는 5×5×3.14 = 78.5cm^2

[문제 2] 원주가 18.84m인 원이 있습니다. 이 원의 넓이를 구하시오.

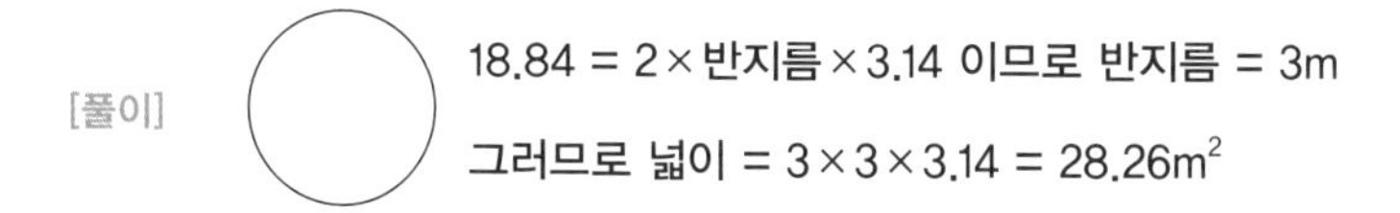

[풀이]

18.84 = 2×반지름×3.14 이므로 반지름 = 3m

그러므로 넓이 = 3×3×3.14 = 28.26m^2

지금까지 도형과 측정에 관련된 핵심 부분을 살펴봤습니다. 도형과 측정 영역은 실생활과 밀접한 관련이 있으므로 우리 주변의 다양한 상황들을 토대로 흥미 있는 학습을 할 수 있을 것으로 봅니다.

아이들이 도형과 측정을 통해 공부해야 할 내용을 정리하겠습니다.

1. 사각형의 정의에 따른 분류 이해하기

2. 입체 도형의 특징과 꼭짓점, 모서리, 면의 관계 이해하기

3. 원주율의 개념과 원주, 원의 넓이 구하는 방법 이해하기

아홉째 날

문장제 문제 풀이

● 문장제 문제 풀이가 어려운 이유

[문제 1]	200 − 93 =
[문제 2]	사탕 200개가 들어 있는 사탕 상자에서 93개를 꺼내 먹었습니다. 상자에 남아 있는 사탕은 몇 개인가요?
[문제 3]	나는 방학을 이용해 200쪽 분량의 글을 쓰려고 합니다. 오늘까지 93쪽을 썼다면, 앞으로 몇 쪽을 더 써야 하나요?
[문제 4]	싱가포르 정부는 싱가포르의 북부 지역에 넓이가 93km^{2}인 인공호수를 포함해 전체 넓이가 200km^{2}인 공원을 조성할 계획을 갖고 있습니다. 호수를 제외한 공원의 넓이는 얼마인가요?
[문제 5]	아빠가 주말농장 텃밭에 배추 모종을 200개 심었습니다. 다 자란 배추를 93개 수확했습니다. 텃밭에 남아 있는 배추는 모두 몇 개인가요?

위의 [문제1]부터 [문제 5]까지는 똑같은 뺄셈 문제를 각기 다르게 표현한 것입니다. [문제1]은 단순한 뺄셈 문제입니다. [문제 2]부터 [문제 5]까지는 서술형으로 되어 있는 문제인데요. 이런 문제를 문장제 문제(Word Problem)라고 합니다.

[문제 1]은 단순 계산 문제이므로 뺄셈 계산 연습을 충분히 한 아이들이라면 쉽게 풀 수 있습니다. [문제 2]에서 제시된 '사탕'이라는 예는 아이들이 친근한 소재이므로 상황 설정 자체가 익숙합니다. 따라서 [문제 2]는 어렵지 않은 문장제 문제입니다.

[문제 3]부터는 조금 더 어렵습니다. 문장제 문제를 해결하기 위해서는 문장을 해석하고 문제를 이해한 다음, 수식을 끌어내는 과정이 필요하기 때문입니다. '200-93'이라는 뺄셈식이 바로 주어진 경우와 이 뺄셈식을 직접 끌어내야 하는 상황이 주어진 경우는 문제의 체감 난이도 면에서 많은 차이가 납니다.

문장 ➡ 문제 이해 ➡ 200−93

특히, [문제 3]과 같이 익숙한 상황이 주어지지 않을 경우, 아이들은 문장을 이해하는 첫 번째 화살표 과정에서부터 어려움을 겪게 됩니다. 문제를 잘못 이해하면, 당연히 수식을 이끌어내는 두 번째 화살표 과정에서 오류를 범하게 되지요. 첫 번째 화살표 과정에서는 아이들이 글을 읽고 해석하는 능력은 물론이고 배경 지식의 영향을 받습니다. 예를 들어, [문제 3]에서는 책을 읽기만 했지 쓴다는 생각을 해 보지 못한 아이들은 문제를 잘못 이해해 더 써야 한다는 문맥을 통해 덧셈을 생각할지도 모릅니다.

[문제 4]에서도 '인공호수'나 '공원'과 같은 단어를 알고 있어야 합니다. 또한 정부에서 '공원을 조성'한다는 게 무엇인지 그 뜻도 대략적으로 알고 있어야 합니다. [문제 5]도 텃밭에서 배추를 '수확'한다는 의미를 이해하고 있어야 합니다. 단순히 문장에서 '모두'와 같은 단어에 집중한다면, 덧셈을 생각할 수도 있지요. 같은 뺄셈식을 공유하고 있는 상황은 수없이 많습니다. 중요한 것은 문제를 올바로 이해하고 정확한 수식을 이끌어내는 일입니다. 어떻게 하면 될까요?

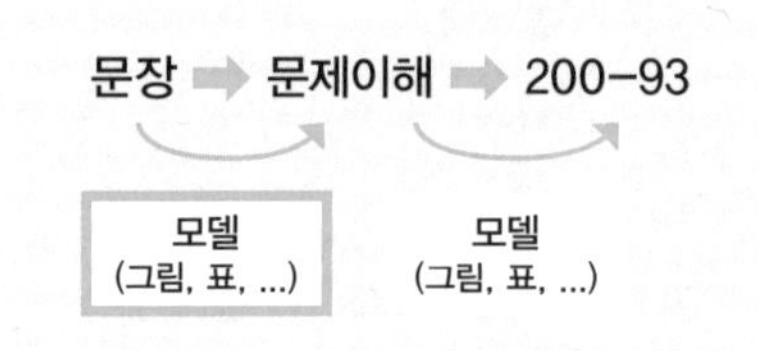

이 책에서 상황을 수식으로 정리하기 위한 다양한 모델을 살펴봤는데요. 더 나아가 문장제 문제에서는 문장을 올바로 해석하고 문제를 정확히 이해하기 위해서 그림이나 표 같은 모델을 종종 이용합니다.

단서가 되는 단어를 이용해 그림이나 표 등을 잘 그리면 문제를 올바르게 이해하는 데 도움이 되고, 여기서 수식을 바로 찾을 수도 있습니다. 예를 들어 [문제 4]에 나오는 싱가포르 정부의 공원 조성 문제의 경우에는 아래와 같은 그림을 그려서 이해할 수 있습니다.

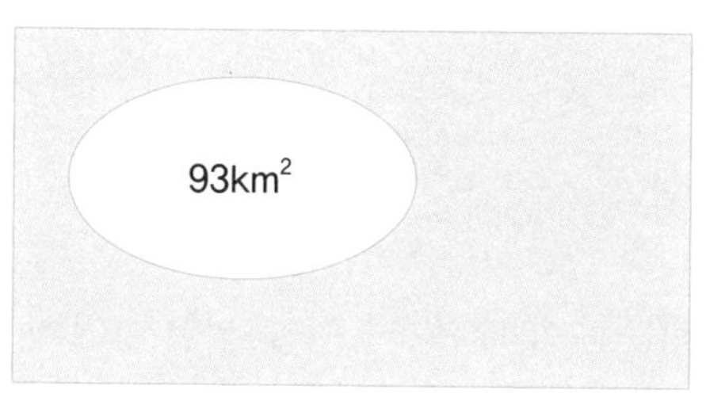

디지털 세대인 아이들에게는 글보다 영상이나 그림이 더 익숙할 수 있습니다. 가끔 수식으로 간단하게 표현된 수학 문제만 풀면 될 것이지 왜 이렇게 긴 문장제 문제를 풀어야 하는지 모르겠다며 불평하는 사람들을 만나게 됩니다. 문장을 읽는 것 자체가 곤욕이라는 겁니다. 하지만, 미래의 수학 교육은 실생활 맥락에서 상황을 그대로 가져온 긴 문장제 문제를 프로젝트 형식으로 해결하는 방향으로 패러다임이 점차 바뀌게 될 것입니다.

보통 학교에서는 수학 개념이나 지식, 법칙을 먼저 다루고 그다음 배운 지식을 적용해서 풀 수 있는 실생활 문제 상황이 주어집니다. 전통적인 방식의 문제 해결 순서입니다. 문제 해결 연구의 권위자였던 슈뢰더와 레스터*는 이와 같은 전통적인 방식의 문제 해결 방법을 '문제 해결을 위한 수학 학습(Learning for Problem Solving)'이라고 칭했습니다.

반면, 실생활의 문제가 먼저 제시된 다음 이 문제를 해결하는 과정에서 필요한 수학 개념이나 원리를 학습하는 방식을 생각할 수 있는데요. 문제를 통해서 학습할 개념을 탐색해 보는 과정인데, 이와 같은 수학 학습법이 '문제 해결을 통한 수학 학습(Learning through Problem Solving)'입니다.

* Schroeder, T.L. &Lester, F.K. (1989). Developing understanding in mathematics via problem solving. In P.R. Trafton &A.P. Shulte (Eds.), New directions for elementary school mathematics (pp. 31-42). Reston, VA: National Council of Teachers of Mathematics.

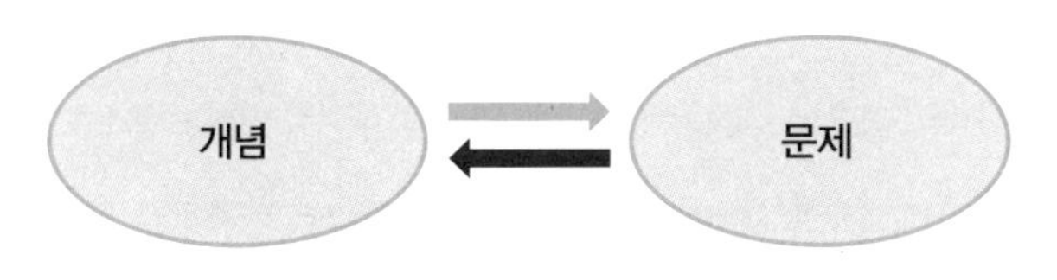

기존의 수학 학습 방법이 위의 그림에서 초록색 화살표 방향으로 이루어졌다면 새로운 수학 학습 방법은 검은색 화살표처럼 이루어집니다. 슈뢰더와 레스터에 의해 새로운 개념의 수학 교수-학습 방법이 제기된 이후 실생활 문제를 중심으로 하는 수학 교육에 대한 많은 연구가 축적되었고, 현재는 PBL(Problem Based Learning)과 수학적 모델링(Mathematical Modelling)이라는 새로운 패러다임의 수학 교육으로 자리 잡고 있습니다.

우리나라도 수학 교과서의 내용과 형태는 물론, 교수-학습 방법이 전통적인 방법에 머물렀으나, 최근에는 교과서 내용은 물론이고 현장의 수업도 실생활 맥락에서 개념을 찾고 정리하는 방식으로 점차 변모하는 중입니다.

혹시 '문송하다.'라는 말의 의미를 알고 계신가요? 가끔 방송에서 이 말을 쓰는 연예인을 보게 됩니다. '문송하다.'는 '문과라서 수학을 못한다. 그래서 죄송하다.'라는 뜻의 신조어입니다. 또한 '이과 머리'와 같은 용어도 있지요. 이제 학교에서 문과와 이과의 구분이 사라졌습니다. 문과, 이과할 것 없이 우리는 복잡한 세상에서 여러 가지 문제와 부딪히고, 이 문제들을 슬기롭게 해결해야 합니다. 우리 아이들이 바다와 같이 드넓은 세상에 맞서 훌륭한 문제 해결자가 되기 위한 연습을 문장제 문제 풀이로 시작할 수 있다는 것은 참 고마운 일입니다.

● 어떻게 풀 것인가?

저는 이 책을 통해 실생활 맥락 및 모델을 통한 수학 개념 학습을 강조했습니다. 하지만, 분명히 말씀드릴 수 있습니다. 개념을 아무리 탄탄하게 다져놓더라도 문장제 문제를 잘 풀 수 있다는 보장은 못 합니다.

두 가지 유형의 아이들이 있습니다. 개념 공부를 철저하게 하지 않은 채, 기계적인 연산만 하는 학생과 개념 공부를 열심히 해 교과서에 나오는 개념을 다 알고 있는 학생이죠. 첫 번째 유형의 아이들이 문장제 문제를 잘 못 푸는 이유는 개념 학습을 등한시했기 때문입니다. 여기서 논의하고 싶은 유형은 두 번째 유형의 아이들입니다. 이들이 문장제 문제를 잘 풀 수 없다면 충분한 개념 학습 이외의 변수가 문장제 문제 풀이에 작용한다는 뜻이니까요.

개념 학습을 너무 강조한 나머지, 문장제 문제 해결을 잘 못하는 이유를 흔히 '개념을 잘 이해하지 못했기 때문'이라고 분석하는데요. 문장제 문제를 잘 푼 학생들이 개념을 많이 알고 있는 것이지, 개념 학습이 문제 해결을 위한 충분조건을 제공하는 것은 아닙니다.

그렇다면, 똑같이 개념을 알고 있고, 문장 해석 능력이나 배경 지식 변수도 동일하다는 가정 아래 어떤 학생은 문장제 문제를 풀고, 어떤 학생은 문제 풀이에 실패하는 원인이 무엇일까요?

앞으로 수학 교육의 대세가 될 '실생활 맥락을 토대로 한 문장제 문제 풀이'를 위해서 무엇보다 필요한 능력은 실생활 맥락과 추상적인 수식을 연결해주는 능력입니다. 즉, 문장제 문제 풀이의 성공 여부는 그림이나 표와 같은 모델을 만드는 능력의 차이에 기인합니다. 아주 단순한 개념이라도 바둑돌을 이용해 상황을 나타내 보고, 그림이나 표를 통해 수식을 이끌어 낸 경험을 한 아이들은 훨씬 더 적극적으로 문장제 문제를 해결하기 위해 적당한 모델을 구성해 내고 결국에는 문제 해결에 성공합니다.

그림 그리기 전략, 표 그리기 전략과 같은 모델 구성의 원리는 고대 그리스의 수학자였던 파푸스(Pappus of Alexandria, 290~350년경)부터 시작해 시작해 프랑스의 르네 데카르트(René Descartes, 1596~1650)를 거쳐 헝가리의 수학자이자 수학 교육자로 현대의 문제 해결 연구에 많은 영향을 준 조지 폴리아(George Pólya , 1887~1985)에 이르기까지 많은 학자들이 권고한 발견술(Heuristics)입니다. 발견술이란 어떤 문제의 답을 구하거나 증명을 하는 과정에서 유용하게 쓰일 수 있는 방법이나 규칙을 이릅니다. 결과적으로 문장으로 이루어진 표상을 시각적인 표상으로 바꿔 패턴을 발견해 수식에 이르게 해주는 것이죠.

문장제 문제 풀이를 성공적으로 수행하게 해주는 몇 단계 절차가 있습니다. 아래 도표를 보세요.

1. 문제를 잘 읽고 이해한다.
2. 구해야 할 것을 인지 한다.
3. (그림이나 표 등의) 모델을 통해 문제상황을 표현해본다.
4. 모델을 수식으로 변환한다.
5. 수식을 푼다(연산)
6. 검토한다.

1~6의 단계 중에서 문제 해결의 성공과 실패를 가르는 가장 중요한 단계는 3단계와 4단계입니다. 문장제 문제를 받아들었다면, 무조건 그림을 그리기 바랍니다. 중·고등학교 수학에서는 대수와 기하*가 연결된 부분이 많기 때문에 무조건 그림이나 그래프를 그려보라고 권고합니다. 그림이나 그래프를 그리면 간단히 해결되는 대수 문제가 많이 있기 때문이죠. 그림으로 표현된 표상은 또 다른 생각을 전개하는 데 기반이 되는 디딤돌 역할도 합니다. 예를 들어 밤하늘을 떠올리면 구름과 별이 생각나는 그런 원리죠. 초등학교에서부터 연산을 다루는 문장제 문제를 그림으로 표현해보는 연습을 많이 한 아이들은

* 방정식과 같은 수식의 조작을 주로 하는 수학의 분야가 대수(Algebra)이고, 직선이나 원과 같은 도형을 연구하는 분야가 기하(Geometry)입니다. 수학은 대수와 기하의 양대 기둥으로 이루어져 있습니다.

앞으로 수학을 공부하면서 필요한 강력한 무기를 갖게 되는 것입니다. 이제 몇 가지 예를 통해 구체적으로 어떻게 문장제 문제를 푸는지 살펴보기로 하겠습니다.

[예 1] **자동차를 타고 2시간에 160km를 주행했습니다. 같은 속도로 1시간 더 주행했을 때, 이동한 전체 거리는 몇 km인가요?**

[풀이] 문장제 문제를 풀기 위한 1단계~6단계의 절차로 문제를 풀어 보겠습니다.

[1단계, 2단계] 문제를 잘 읽고 구해야

이 문제는 자동차를 타고 같은 속도로 2시간+1시간, 총 3시간을 이동하는 상황입니다. 문제에 주어진 2시간에 주행한 거리 160km를 이용해 1시간 더 주행했을 때 이동거리를 구하고, 전체 3시간 동안 이동한 거리를 구하면 됩니다.

[3단계, 4단계] 모델을 세우고, 모델을

길이가 같은 표를 단위 시간(1시간)으로 표현하면, 세 칸이 필요합니다. 이동거리는 화살표로 표시합니다. 2시간 이동한 거리 160km를 초록색 화살표로, 1시간 이동한 거리는 검은색으로 표시했습니다.

[5단계, 6단계]

검은색 화살표의 길이는 1시간당 이동거리이므로 160km의 $\frac{1}{2}$이니 80km이고, 우리가 구해야 할 것은 초록색과 검은색으로 표시된 '이동거리의 합'이므로 $160+80=240$(km)입니다. 문제를 잘 풀었는지 검토를 한 번 더 하고, 답을 240km로 씁니다.

[예 2] **98을 어떤 수로 나누면 몫이 12이고, 나머지가 2가 된다고 합니다. 어떤 수를 구하세요**

[풀이] '어떤 수'가 나오는 문제는 방정식 문제입니다. 보통은 어떤 수를 네모로 놓고, 이미 네모를 찾았다고(네모가 존재한다고) 생각한 다음 식을 세우게 됩니다. 이 문제의 풀이에서는 나눗셈의 세로셈 알고리즘과 동수 누감을 그림으로 표현한 모델을 사용하겠습니다.

$$\begin{array}{r} 12 \\ \square\,\overline{)\,98} \\ \hline 2 \end{array}$$

네모를 이미 찾았다고 가정하면, 위와 같은 나눗셈의 세로셈 식을 생각할 수 있습니다. 이 나눗셈 식은 전형적인 '등분제' 형태입니다.

⇨ 98개의 물건을 몇 개씩 묶으면, 12묶음이 나오고, 낱개 2개가 남는다.

등분제는 포함제로 바꾸면 이해하기가 더 쉽다고 했습니다. 실제로 나눗셈 식에서 나누는 수와 몫을 바꾸어도 나머지의 값은 같습니다.

⇨ 98개의 물건을 12개씩 묶으면, 몇 묶음이 나오고, 낱개 2개가 남는다.

숫자가 비교적 크므로 작은 숫자로 단순화시켜서 문제를 푸는 아이디어를 얻을 수도 있습니다. 98⇨23, 12⇨3으로 숫자를 단순화시켜 다시 살펴보겠습니다.

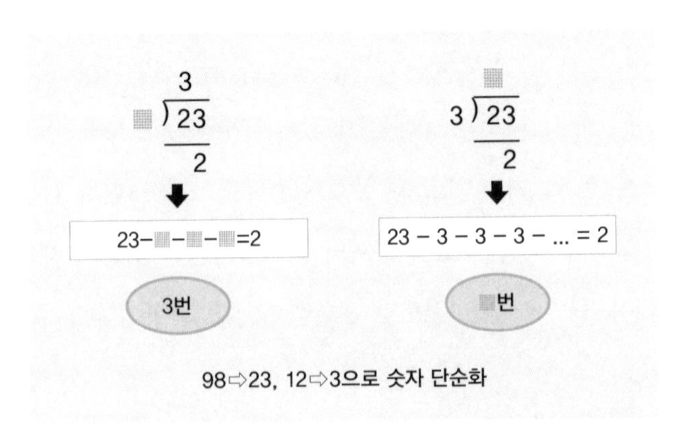

98⇨23, 12⇨3으로 숫자 단순화

나눗셈을 할 때는 반드시 동수 누감의 방법을 생각해야 한다고 했습니다. 오른쪽 방법으로 동수 누감을 이해하는 것이 훨씬 더 쉽습니다. 3을 7번 빼면 정확히 나머지가 2가 됩니다. 이제 원래의 문제로 돌아가봅니다.

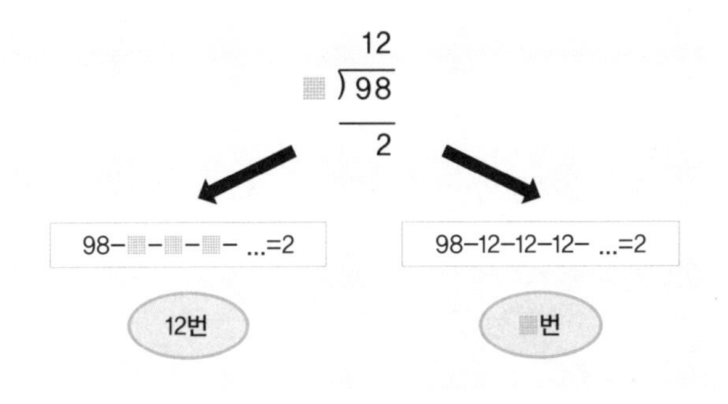

오른쪽 화살표 방향이 더 쉽다는 것을 단순화한 예로 알았습니다. 12를 8번 빼면 나머지가 2가 나옵니다. 따라서 구하는 미지의 네모의 값은 8입니다.

[예 3] **어제 산 주식의 가격이 오늘 10% 올라서 55000원이 되었습니다. 어제 주식을 얼마에 샀는지 구하세요.**

[풀이] 많은 학생이 '10% 증가' '10% 감소'와 같은 상황을 어려워합니다. 10% 증가하면 전체의 양은 110%가 되고, 10% 감소하면 전체의 양은 90%가 됩니다. 예를 들어 200만 원에서 10% 증가하면 200만 원의 110%인 220만 원이 됩니다. 이 문제를 해결하기 위해 표 모델을 사용하겠습니다.

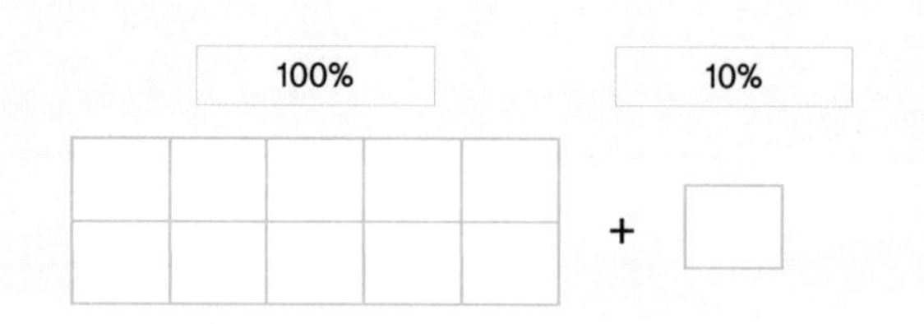

문제에서 10% 증가한 주식의 가격이 55000원이므로, 어제 산 가격의 110%가 55000원이라는 의미입니다.

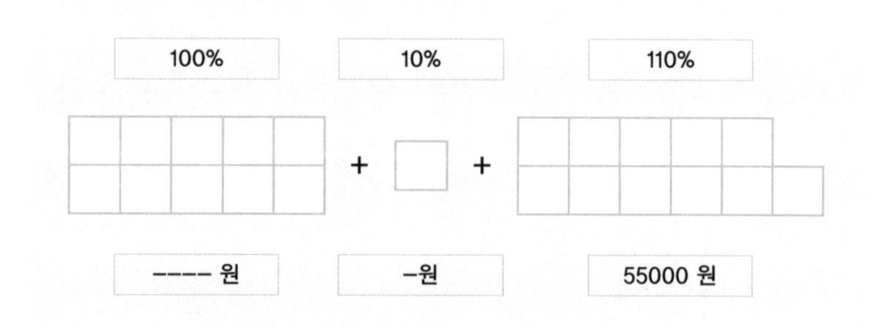

어제 산 가격을 구하려면 비례식을 쓰면 됩니다.

110 : 55000 = 100 : (어제 산 가격)

외항의 곱과 내항의 곱이 같으므로, 110×(어제 산 가격)=55000×100=5500000이고, 어제 산 가격은 50000원입니다.

[참고] 이 문제를 푸는 과정에서 55000원의 10%를 구하면 5500원이 나옵니다. 이 값을 어제 산 가격을 구하는 데 사용하면, 55000-5500=49500(원)으로 오답이 나옵니다. 이미 오른 가격을 이용해 10%의 증가분을 구했기 때문입니다. 모델을 이용해 그림을 그리면 오답이 나온 이유를 분명하게 알 수 있습니다. 문제를 풀 때, 반드시 그림을 그려야 한다고 다시 한 번 강조합니다.

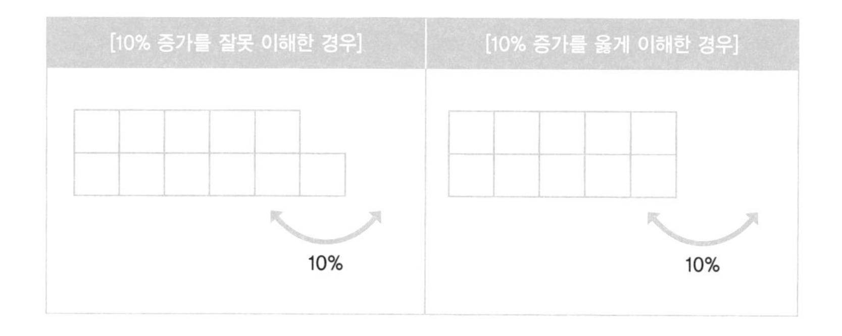

● 유추(Analogy)

헝가리 출신의 수학자이자 수학 교육자였던 조지 폴리아는 고대 그리스부터 전해져 온 여러 가지 발견술을 집대성했습니다. 발견술은 문제를 해결할 수 있는 일반적인 전략을 의미하는데, 폴리아는 여러 가지 발견술 중에서 유추(Analogy)를 가장 중요한 전략으로 꼽았어요. 유추란 사전적 정의에 의하면 "1)같은 종류의 것 또는 비슷한 것에 기초하여 다른 사물을 미루어 추측하는 일. 2)(철학)두 개의 사물이 여러 면에서 비슷하다는 것을 근거로 다른 속성도 유사할 것이라고 추론하는 일. 3)(법률)법률 해석 방법의 하나. 어떤 사항을 직접 규정한 법규가 없을 때 그와 비슷한 사항을 규정한 법규를 적용하는 방법. 형법에서는 원칙적으로 금지되어 있다. 4)(언어)어떤 단어나 어법(語法)이 의미적·형태적으로 비슷한 다른 단어나 문법 형식을 모델로 하여 형성되는 과정."이라고 풀이되어 있습니다. 수학에서는 내가 알고 있는 지식이나 문제의 해법을 구조가 비슷한 문제를 해결하기 위해 사용하는 것을 의미하죠.

최근 교육심리학의 많은 연구를 보면 창의성(Creative Thinking)도 결국엔 내가 알고 있는 사전 지식을 활용할 수 있는 유추 능력에 따라 발현된다고 합니다. 이 세상에는 수없이 많은 문제가 있으며, 유한한 인간의 경험은 일부에만 국한됩니다. 따라서 내가 풀어본 문제, 내가 알고 있는 경험과 해법들로부터 새로운 상황에 대한 해결책을 잘 찾아야 합니다.

그런데, 어떻습니까? 새롭게 주어진 문제 해결 상황에서 과거에 내가 풀어본 문제의 해법이나 지식이 쉽게 떠오를까요? 개념 학습을 열심히 하면, 수학 시험 문제를 풀 때, 어떤 개념을 어떻게 활용하는지 바로 알 수 있을까요?

수학 문제 해결이 어려운 이유가 바로 여기에 있습니다. 수학은 추상적인 수를 다루고 있기 때문에 원래가 어려운 학문인데, 내가 이미 풀어봤던 유사한 문제가 나와도 해법을 적용시키는 유추가 쉽지 않기 때문에 수학 문제 해결이 더욱더 어렵게 느껴집니다.

결국 수학 문제 해법의 유형을 분류하고, 수시로 암기하고, 비슷한 문제를 자꾸 풀어보는 연습을 반복할 수밖에 없습니다. 그럼, 새로운 문제를 푸는 상황에서 유추를 잘할 수 있는 방법은 없을까요? 수학 문제를 풀 때가 아닌, 일상생활에서 어떤 문제가 닥쳤을 때, 우리는 해법을 어떻게 궁리할 수 있을까요?

앞에서 에빙하우스의 망각곡선을 언급하면서 2~3일 전에 먹은 점

심식사 메뉴 이야기를 했습니다. 대부분 기억을 잘 못합니다. 그런데, 기억하는 데 도움이 되는 방법이 있습니다. 상황을 그려보는 것이지요. 밥 먹은 식당을 떠올리거나 같이 식사했던 사람들을 기억해내는 것도 좋은 방법입니다. 기억이 난다면 오고갔던 대화를 생각해보십시오.

수학 문제도 이미지로 접근해야 합니다. 그림이나 표 등의 모델을 생각하고, 직접 동그라미로 표시해보는 것도 결국에는 가장 원초적인 감각인 시각적 표상을 통해 내가 이미 알고 있는 지식에 접근하고 사전에 풀어 봤던 문제의 해법을 떠올리기 위해서입니다.

문제를 풀 때, 어려운 문제라고 당황하기보다는 내가 알고 있는 지식을 어떻게든 떠올려야 한다는 생각을 갖고 문제에 맞는 모델을 생각해보기 바랍니다. 이 전략은 결국 유추로 이어져 훌륭한 문제 해결자로 거듭나게 할 것입니다.

신 개념 수학 학습법 : 탐색-궁리-반성(ECR)

교학상장(教學相長)이라는 말이 있습니다. "가르치면서 동시에 배움이 성장한다."는 뜻이지요. 이 말의 뜻을 "가르치는 것과 배우는 것이 다르지 않다."라고 해석해봅니다. 교육학에서는 '지도(Instruction)'라는 단어보다는 '교수-학습(Teaching and Learning)'이라는 용어를 더 선호합니다. 수업은 일방적인 지식의 전달에서 더 나아가 교수자와 학습자가 지식을 같이 발견하고 공유하는 상호작용이 되어야 합니다. 다만, 교수-학습이라는 틀에서 교수의 관점이나 학습의 관점을 조금 더 강조할 수는 있습니다.

지금까지 이 책은 주로 교수(Teaching)의 관점에서 자녀들과 함께 어떻게 수학을 공부할지에 대해 논했습니다. 실생활 맥락으로부터 모델을 구성하고, 문제를 해결하면서 동시에 수학의 개념이나 법칙을 학습하는 원리입니다. 실생활 문제 기반의 교수-학습(Real Problem Based Teaching-Learning)입니다. 출발은 실생활 맥락이고, 개념을 발견한 뒤,

다시 실생활 맥락으로 돌아오는 반성적인 학습이지요.

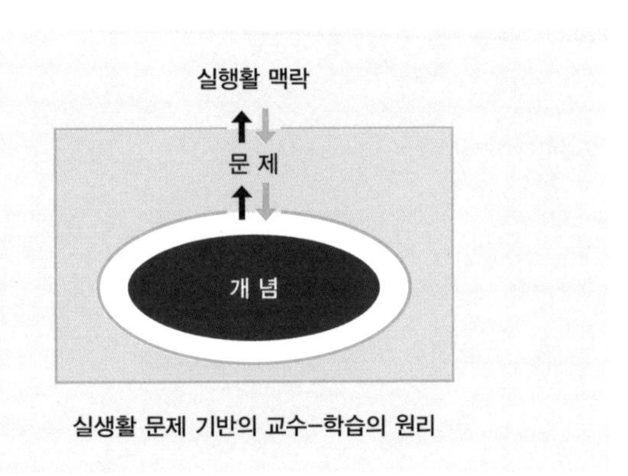

실생활 문제 기반의 교수-학습의 원리

이 책의 마지막 장에서 '문장제 문제 풀이'를 다루면서 저는 학습(learning)의 관점에서 어떻게 수학을 공부해야 할 것인지 ECR모형으로 정리해 드리겠습니다. 앞으로 자녀들이 스스로 수학을 이렇게 공부하도록 옆에서 도와주시기 바랍니다.

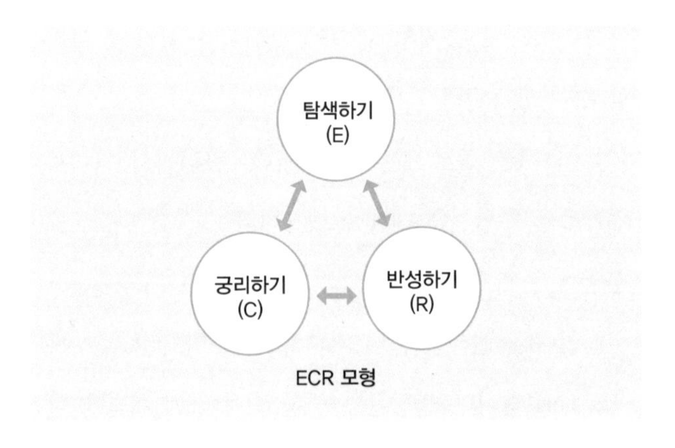

ECR 모형

ECR 모형은 말 그대로 탐색하기(Explore), 궁리하기(Consider), 반성하기(Reflect)라는 세 가지 요소로 이루어져 있습니다.

탐색하기: 실생활 맥락에서 문제를 발견하고, 수학 개념과 어떻게 관련이 되어 있는지 탐색하는 과정

궁리하기: 탐색한 문제를 해결하기 위해 이미 알고 있는 수학 지식과 개념을 적용하고, 어떻게 문제를 해결할지를 궁리하는 과정. 그림과 표와 같은 모델과 유추와 같은 발견술을 활용해 문제를 해결하는 과정

반성하기: 궁리한 내용이 올바른지, 더 확장해서 학습할 내용이 없는지를 반성하는 과정

반성 단계는 아이들이 수학의 개념을 완벽하게 이해했는지 알 수 있는 단계이기도 합니다. 학생들이 스스로 할 수 있는 아주 좋은 반성의 방법이 있습니다. 문제 만들기(Problem Posing)입니다. 문제 만들기는 수학 개념을 이용해 학생들 스스로 실생활 문제를 만들어보는 활동으로 학생들의 문제 해결 과정을 연구했던 수많은 학자들에게 검증 받은 수학 학습 방법입니다. 예를 들어, 두 개의 수 30, 32를 이용해 일상생활에서 가능한 상황을 만들어보는 활동이지요. 덧셈, 뺄셈, 곱셈, 나눗셈, 비의 개념이 들어 있는 다양한 상황을 만들 수 있습니다.

실생활 문제를 직접 만들 수 있다는 것은 수학 개념을 이미 확실히 이해하고 있으며, 또 다른 상황으로 확장할 수 있다는 의미입니다. 무엇보다, 구체물이나 모델을 활용하지 않고도 개념을 이해할 수 있는 '추상화'가 완성되었다는 것이지요.

$$8 \times 6 = 48$$

이 곱셈식을 본 다음, 또 다른 곱셈식을 생각하고, 그림이나 표 모델을 구성할 수 있으며, 실생활 문제까지 만드는 활동을 수차례 반복한 아이들은 문장제 문제이든, 경시대회 문제든, 어떤 수학 문제 유형을 만나게 되더라도 스스로 잘 해결할 수 있게 됩니다.

수학 학습의 소재는 우리 주변에 늘 있습니다. 관심을 갖고 공부할 내용들을 찾아보는 것에서부터 진짜 공부가 시작됩니다. 아이들에겐 학년이 올라갈수록 학습해야 할 수학 개념이 점점 늘어납니다. 중학교를 거쳐 고등학교에 가면 추상화된 수식의 세상에서 놀아야 하죠. 그 전에 물과 양분을 듬뿍 주어 울창한 나무가 되도록 부모님께서 마음껏 지원해주시기 바랍니다.

열번째 날

문장제 문제 풀이 (실전편)

ECR 모형을 통한 학습

문장제 문제 풀이는 대부분의 아이들이 어려워합니다. 문장제 문제는 단순 연산 문제와 다르게 언어로 표현되어 있는 문제를 수식으로 전환하는 과정을 거쳐야 하기 때문입니다. 그런데 문장제 문제는 어느 특별한 분야에만 국한되지 않습니다. 수학의 모든 영역에서 만날 수 있지요. 제가 수학교사로서 종종 질문을 받는 내용 중에도 "문장제 문제를 어떻게 풀어야 하나요?" "어디서부터 문제 풀이를 시작해야 하나요?"와 같이 문장제 문제에 대한 것들이 있답니다. 이 질문에 대한 답은 탐색(E)-궁리(C)-반성(R), 즉 ECR모형에 있습니다.

이 장에서는 탐색-궁리-반성(ECR)의 단계를 통해 어떻게 문장제 문제에 접근하는지 구체적으로 알아보겠습니다. 먼저 각 단계마다 문제를 푸는 상황에서 어떤 행동을 해야 하는지 살펴보지요.

(1) 탐색: 주어진 문제의 정보를 통해 무엇을 묻는지 확인하는 단계

- 문제를 주의 깊게 읽는다.
- 마지막 문장을 한 번 더 읽고 무엇을 구해야 하는지 이해한다. (여기서 미지의 수를 네모나 동그라미 등으로 표시해본다.)
- 이해한 내용을 간단하게 스케치해본다.

(2) 궁리: 문제를 풀기 위한 최적의 모델을 끌어내고 문제 해결을 실행하는 단계

- 문제를 풀기 위한 계획을 세운다.
- 표 그리기, 그림 그리기 등의 전략을 이용해 문제를 해결한다.
- 만일 전략이 잘 적용되지 않으면, 다른 전략의 활용을 시도해본다.

(3) 반성: 문제의 답을 확인하고, 수학지식을 확장하는 단계

- 풀이 과정에서 나온 답이 합당한지 체크해본다.
- 경우에 따라서 또 다른 풀이나 확장해서 학습할 내용을 생각해본다.

사실, 탐색-궁리-반성이라는 ECR의 세 가지 단계는 우리가 일상생활의 많은 문제 상황을 해결하는 과정이기도 합니다. 예를 들어 농구를 한다고 칩시다. 목표는 당연히 골 많이 넣기입니다. 골을 넣기 위해서는 상황을 잘 파악해야 합니다. 이것이 바로 '탐색' 단계입니다. 이어 '궁리' 단계에서는 골을 넣기 위한 여러 가지 전략을 생각하게 됩니다. 점프슛, 레이업슛, 덩크슛 등의 전략 중에서 최선의 방법을 택하겠지요. 물론 상황에 따라서 다른 전략을 구사해야겠지만 일단 결정되었으면 실행에 옮깁니다. 이때 골을 넣으면 다행이지만, 못 넣었으면 '반성'을 하고 다른 전략을 이용해 다음 슛을 던지면 됩니다.

이제 ECR 모형을 통한 학습의 전형적인 예를 살펴보고, 수학에서 자주 나오는 문장제 문제 풀이 방법을 구체적으로 생각해보겠습니다.

ECR 모형을 통한 학습의 전형적인 예

[예시] 올 여름 휴가를 가기 위해 인터넷 사이트에서 호텔 객실을 예약하려고 한다. 호텔은 9층까지 있으며, 한 층에 8개의 객실이 있다. 이미 2층의 두 개의 객실과 6층의 세 개의 객실은 예약되어 있다. 내가 선택할 수 있는 객실은 모두 몇 개인가?

(1) 탐색하기

1) 문제를 주의 깊게 읽어본다.

2) 내가 선택할 수 있는 모든 객실 수를 구하는 문제이다.

3) 호텔의 객실을 직사각형 모양으로 배치할 수 있다.

(곱셈 및 구구단을 이용할 수 있을 것이다.)

(2) 궁리하기

1) 호텔 객실을 직사각형 모델로 나타내기

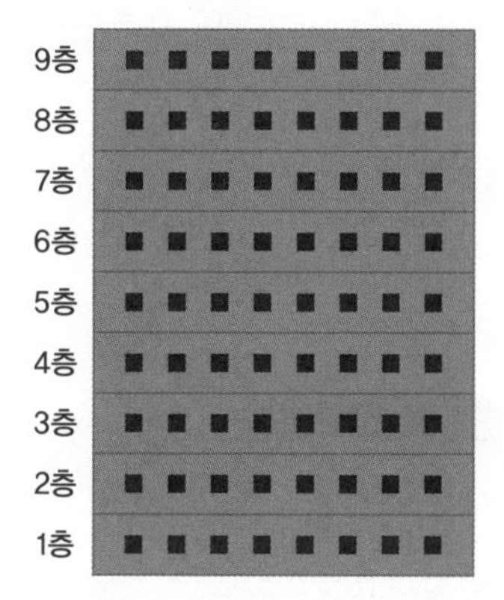

2) 이미 예약되어 있는 객실을 표시하기

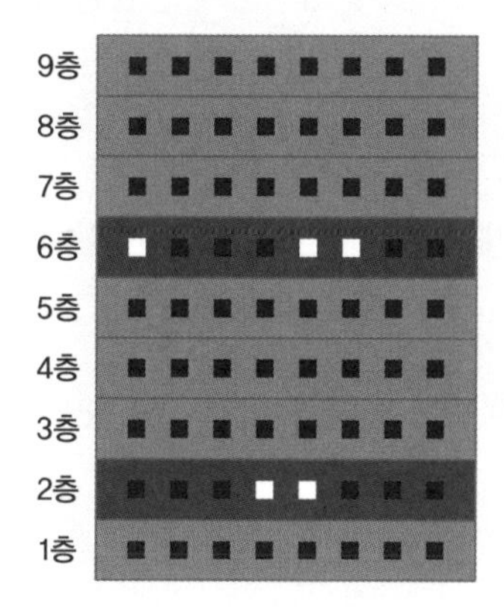

3) 내가 예약할 수 있는 객실 수 구하기

(내가 예약할 수 있는 객실 수)

=(전체 객실 수) − (예약되어 있는 객실 수)

$=8\times9-5$

$=67$

(3) 반성하기

1) 맞게 풀었는지 확인해본다.

2) 새로운 문제를 만들어본다.

새로운 문제의 예	고민을 더 해본 다음 사이트에 다시 들어가 보니, 단체 관광객이 4층과 5층의 객실을 모두 예약했다. 내가 선택할 수 있는 객실은 모두 몇 개인가?

이제, 문장제 문제를 '사칙 연산 문제' '비율 문제' '속도 문제'의 유형으로 나누어 풀이 연습을 해 보겠습니다. 문제에 접근하는 기본적인 아이디어와 절차를 익힌다면 어떤 문제가 나와도 활용할 수 있습니다.

● 사칙 연산 문제

사칙 연산은 덧셈, 뺄셈, 곱셈, 나눗셈을 의미합니다. 탐색의 과정에서 문제를 잘 읽는 동안 어떤 전략을 사용하면 될지 알게 되는 유형이기도 합니다. 이미 문제에서 활용해야 할 연산에 대한 힌트가 다음과 같이 나오거든요. 물론 절대적인 힌트가 아니기 때문에 주의할 필요는 있습니다.

1) 덧셈을 암시하는 용어

더하다, 합하다, 전부, 전체, 모두, 합, 둘 다, 결합, ~만큼 늘어나다

2) 뺄셈을 암시하는 용어

빼다, 꺼내다, 일부, 차, 더 많다, 남다, ~보다 작은, ~더, ~만큼 작아지다, 떠나다, 잔돈

3) 곱셈을 암시하는 용어

몇 배, 곱하다, ~배

4) 나눗셈을 암시하는 용어

분배하다, ~부분으로 똑같이 나누다, ~의 나머지, 분할하다

(1) 뺄셈 문제

[문제] 한 남자가 조깅을 하고 있다. A지점에서 휴대폰의 거리 어플을 보니 12.3km를 기록하고 있었다.
조금 더 달려 B지점까지 간 다음 휴대폰을 보니, 15.1km였다.
이 사람은 A지점에서 B지점까지 몇 km 더 달렸는가?

[풀이]

1) 탐색: 문제를 읽어 보니(특히 마지막 문장), A지점과 B지점 사이를 달린 거리를 구하는 문제로군요. '몇 km 더'라는 표현에서 뺄셈을 이용해야 한다는 것을 알 수 있습니다.

2) 궁리: 뺄셈을 이용해서 문제를 풉니다. 간단한 뺄셈식 모델을 이용합니다.

$15.1 - 12.3 = 2.8$입니다.

3) 반성: 위에서 나온 답 2.8이 합당한지 체크해봅니다. 답은 2.8km입니다. 뺄셈식을 또 다른 뺄셈식이나 덧셈식으로 바꾸어 문제의 답을 확인합니다.

$15.1 - 12.3 = 2.8$

$15.1 - 2.8 = 12.3$

$12.3 + 2.8 = 15.1$

세 개의 식이 모두 옳기 때문에 우리가 구한 답은 옳습니다. 특히, 위 식은 표현이 다르지만 같은 의미를 갖고 있는 식으로 문제의 답을 확장해서 해석했다는 점에서 의미가 있습니다.

(2) 나눗셈 문제

[문제] 계산기를 생산하는 공장에서 512개의 계산기를 생산해 8개씩 박스에 나누어 담으려고 한다. 몇 개의 박스가 필요한가?

[풀이]

1) 탐색: 문제를 읽어 보니(특히 마지막 문장), 나누어 담는 데 필요한 박스의 개수를 구하는 문제입니다. '나누어 담으려고'라는 표현에서 나눗셈을 이용해야 한다는 것을 알 수 있습니다.

2) 궁리: 나눗셈을 이용해서 문제를 풉니다.
나눗셈식을 바로 활용해보겠습니다.

$512 \div 8 = 64$입니다.

3) 반성: 위에서 나온 답 64가 합당한지 체크해 봅니다. 답은 64개입니다. 나눗셈식을 또 다른 나눗셈식이나 곱셈식으로 바꾸어 문제의 답을 확인합니다.

$512 \div 8 = 64$

$512 \div 64 = 8$

$64 \times 8 = 512$

세 개의 식이 모두 옳기 때문에 문제 해결을 잘 한 것입니다. 이 경우도 나눗셈을 곱셈으로 확장해 해석했기 때문에 의미가 있네요.

(3) 덧셈, 곱셈, 나눗셈 융합 문제

[문제] 어떤 두 수가 있다. 하나의 숫자는 다른 숫자의 두 배이고, 두 수를 더하면 78이다. 두 수를 구하시오.

[풀이]

1) 탐색: 문제를 읽어 보면(특히 마지막 문장), 두 개의 미지의 수를 구하는 문제입니다. 어떤 연산을 활용해야 하는지 문제에 명시되어 있지 않군요. 미지수를 네모나 동그라미, 괄호 등을 이용해 표현하고 식으로 정리해 봐야 합니다.

2) 궁리: 두 수 중에서 큰 수를[ ], 작은 수를 ( )으로 표시한 후, 식을 이용해 나타내보겠습니다.

큰 숫자가 작은 숫자의 두 배이므로,
[ ]=( )+( )로 표현할 수 있습니다.
두 수를 더하면 78이므로, [ ]+( )=78입니다.

[ ]=( )+( )이므로, ( )+( )+( )=78이겠군요.
( )를 구하기 위해서는 78를 3으로 나누면 됩니다.

78÷3=26입니다. 즉 ( )=26이고, [ ]=52가 되겠네요.
두 수는 26과 52입니다.

3) 반성: 위에서 나온 답인 두 수 26과 52가 합당한지 체크해봅니다. 52는 26의 두 배이고, 두 수를 더하면 26+52=78이므로 문제를 잘 풀었군요.

(4) 덧셈, 뺄셈, 나눗셈 융합 문제

[문제] 사탕 71개를 두 명이서 나누는데, 한 명이 7개를 더 많이 갖는다. 몇 개씩 나누어야 하는가?

[풀이]

1) 탐색: 문제를 읽어 보니(특히 마지막 문장), 몇 개씩 나누어 가지면 되는지 묻는 문제입니다. 나눗셈 연산을 활용해야 할 것 같지만, 사탕 71개를 똑같이 나누어 갖는 상황이 아닙니다. 미지수를 네모나 동그라미, 괄호 등을 이용해 표현하고 식으로 정리해봐야 할 것 같습니다.

2) 궁리: 문제 해결의 아이디어가 생각나지 않을 경우에는 사탕 71개를 나타내는 동그라미를 그려봐야 하겠지요. 이 경우에는 똑같이 나눈 다음 한 명이 7개를 더 갖는 상황으로 생각하면 됩니다.

똑같이 나누어 갖는 사탕의 개수를 ( )라고 하겠습니다.
71개를 똑같이 두 명이 갖고 7개가 남기 때문에
( )+( )+7=71이라는 식으로 표현할 수 있습니다.

( ) 두 개를 하나의 [ ]로 생각하면, [ ]+7=71이고,
[ ]=71−7=64입니다.
[ ]=64이므로, ( )+( )=64이고, ( )=32입니다.

따라서 두 명이 32개씩 똑같이 나누어 갖고, 한 사람에게는 7개를 더 주어 39개를 주면 됩니다. 두 사람은 각각 32개, 39개를 갖게 됩니다.

3) 반성: 위에서 나온 답인 두 수 32과 39가 합당한지 체크해봅니다. 두 수를 더하면, 71이고, 또 39는 32보다 7이 크므로 문제를 잘 풀었군요.

비율 문제

비례식이나 비율을 활용하는 문장제 문제가 많이 있습니다. '30% 세일' '시속 90km' 등이 모두 비율입니다. 뒤에서 다루게 될 속도 문제에서 비율에 관한 내용이 또 나오게 됩니다. 비율 문제는 아래와 같은 그림을 그려서 생각하면 쉽게 이해할 수 있습니다.

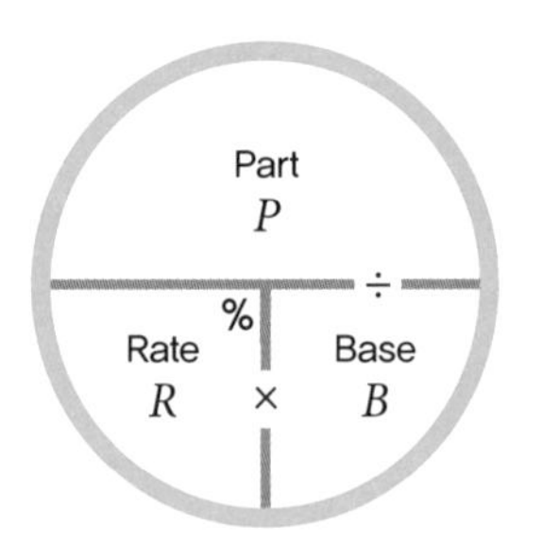

비율을 구성하는 요소엔 크게 세 가지가 있습니다. 부분(Part), 비율(Rate), 기저(Base)입니다. 부분은 전체의 한 부분이며, 비율은 전체에서 부분이 얼마만큼 차지하고 있는지를 나타내줍니다. 기저는 전체의 양을 의미합니다. 이들 세 요소의 관계는 세 개의 식 $P=R\times B$, $R=\frac{P}{B}$, $B=\frac{P}{R}$로 표현됩니다. 원을 위의 그림처럼 나누고 맨 위에 '부분'을 표시

합니다. 그리고 아래에 '비율'과 '기저'를 놓으면, 세 가지 요소와 세 개의 식이 아래의 그림처럼 알기 쉽게 정리됩니다.

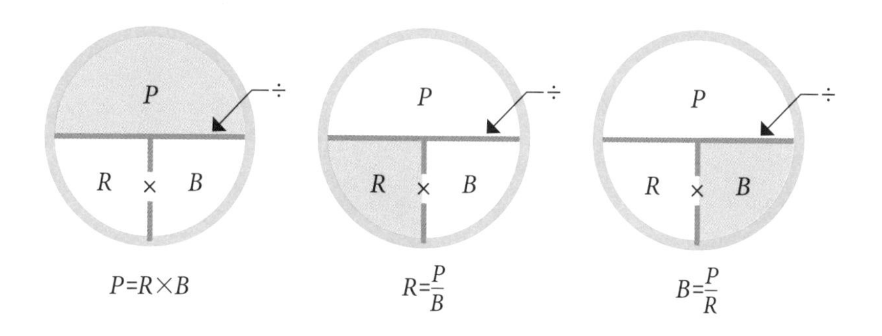

비율 문제는 세 가지 유형으로 나옵니다. 부분(Part)을 구하는 문제, 비율(Rate)을 구하는 문제, 기저(Base)를 구하는 문제인데요. 각각의 유형을 차례로 살펴보겠습니다.

(1) 부분(Part)을 구하는 문제

[문제] 교실에 30명의 학생이 있습니다. 이 중 20%의 학생은 남학생입니다. 남학생이 몇 명인가요?

[풀이]

1) 탐색: 마지막 문장을 읽어 보니 남학생이 몇 명인지 구하는 문제이군요.

2) 궁리: 아래의 그림처럼 원을 그려봅니다.

그리고 비율(Rate)과 기저(Base)에 각각 20%와 30을 써 넣습니다.

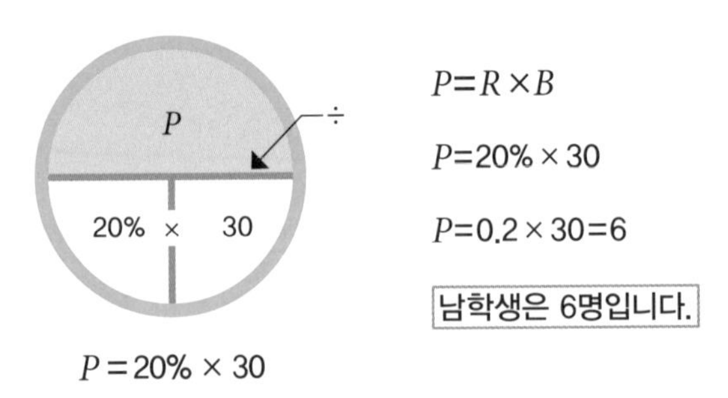

$P = R \times B$

$P = 20\% \times 30$

$P = 0.2 \times 30 = 6$

남학생은 6명입니다.

3) 반성: 위에서 나온 답 6명이 맞는지 확인해봅니다.

$\frac{6}{30} \times 100 = 20\%$이므로 옳은 답을 구했습니다.

(2) 비율(Rate)을 구하는 문제

[문제] 어떤 사람이 레스토랑에서 78달러짜리 음식을 먹은 뒤 계산을 하고 있습니다. 그런데, 부과세를 4.68달러 내야 한다고 합니다. 부과세의 비율을 구하시오.

[풀이]

1) 탐색: 마지막 문장을 읽어 보니 비율을 구하는 문제입니다.

2) 궁리: 아래의 그림처럼 원을 그려봅니다. 그리고 기저(Base)와 부분(Part)에 각각 $78, $4.68을 적습니다.

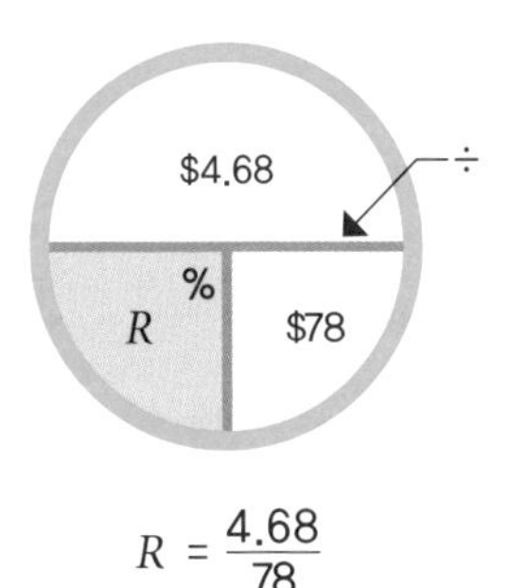

$$R = \frac{4.68}{78}$$

$$R = \frac{P}{B}$$

$$R = \frac{4.68}{78}$$

$$R = 0.06 \rightarrow 6\%$$

부과세의 비율은 6%입니다.

3) 반성: 위에서 나온 답 6%가 맞는지 확인합니다.

$78 \times \frac{6}{100} = 4.68$이므로 옳은 답을 구했습니다.

(3) 기저(Base)를 구하는 문제

[문제] 어떤 빵집에서 오늘 생산된 빵의 80%만 판매해 총 32개의 빵을 팔았습니다. 오늘 생산된 빵은 모두 몇 개인가요?

[풀이]

1) 탐색: 마지막 문장을 읽어 보니 오늘 생산된 빵의 개수(기저)를 구하는 문제입니다.

2) 궁리: 아래의 그림처럼 원을 그려봅니다. 그리고 부분(Part)와 비율(Rate)에 각각 32, 80%를 적습니다.

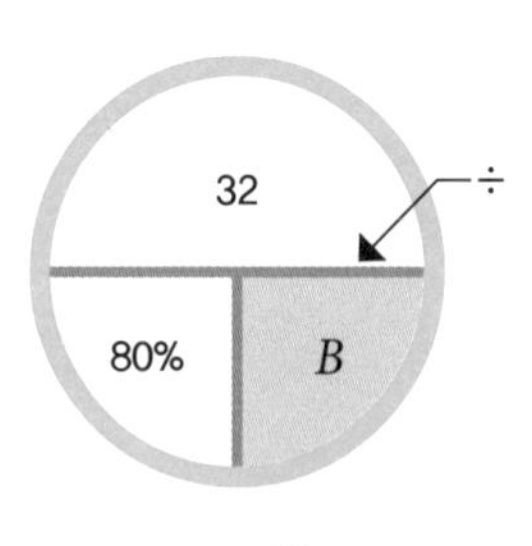

$$B = \frac{32}{80\%}$$

$$B = \frac{P}{R}$$

$$B = \frac{32}{80\%}$$

$$R = \frac{32}{0.8} = 40$$

오늘 생산된 전체의 빵은 40개입니다.

3) 반성: 위에서 나온 답 40개가 맞는지 확인해봅니다.

$40 \times \frac{80}{100} = 32$이므로 옳은 답을 구했습니다.

속도, 시간, 거리 문제

속도, 시간, 거리에 관련된 문제는 초등 수학에서 가장 어려운 심화 문제에 해당됩니다. 아래의 그림과 같이 원에 속도(Rate), 시간(Time), 거리(Distance)를 적어 놓고, 비율 문제에서 적용한 방법을 그대로 사용하면 됩니다.

문제를 풀기 위한 기본 형태의 식은 속도×시간=거리($R \times T = D$)입니다. 예를 들어 어떤 자동차가 한 시간에 80km의 일정한 속력으로 2시간을 달린다면, 이동거리는 $D = RT = 80 \times 2 = 160$(km)입니다. 속도, 시간, 거리의 관계는 다음과 같이 세 가지 식으로 나타낼 수 있습니다.

- $R \times T = D$
- $R = \frac{D}{T}$
- $T = \frac{D}{R}$

보통은 문제에 두 가지 이동수단이 나오는 경우가 많습니다. 물론 한 개의 이동수단을 타고 왕복 운동을 하는 경우도 있지요. 두 가지 경우 모두 아래와 같은 표 모델을 사용하면 문제 해결에 많은 도움이 됩니다.

	속도 ×	시간 =	거리
첫 번째 이동수단			
두 번째 이동수단			

탐색 단계에서 문제를 읽고, 문제에 명확하게 나와 있는 정보를 표의 빈칸에 먼저 채우면 됩니다. 그다음 식을 세워 문제에서 요구하는 답을 찾는 것이지요. 보통 속도, 시간, 거리 문제는 다음과 같이 세 가지 유형이 있습니다.

유형 1 : **같은(다른) 이동수단으로 왕복 운동**

유형 2 : **두 개의 다른 이동수단이 정반대의 방향으로 이동하는 것**

유형 3 : **두 개의 다른 이동수단이 같은 방향으로 이동하는 것**

이제 각 유형별로 문제를 풀어보겠습니다.

(1) 유형 1

[문제]

어떤 사람이 집을 떠나 야구장으로 시속 5km로 2시간을 걸어갔다. 야구를 관람하고 집에 올 때는 같은 길을 버스를 타고 시속 50km로 왔다. 버스를 타고 이동한 시간은 얼마인가?

[풀이]

1) 탐색: 마지막 문장을 잘 읽어 보면, 야구장에서 집으로 오는 버스를 타고 이동한 시간을 구하는 문제입니다.

2) 궁리: 아래와 같은 그림과 표 모델을 이용해 이 문제를 도식화할 수 있습니다.

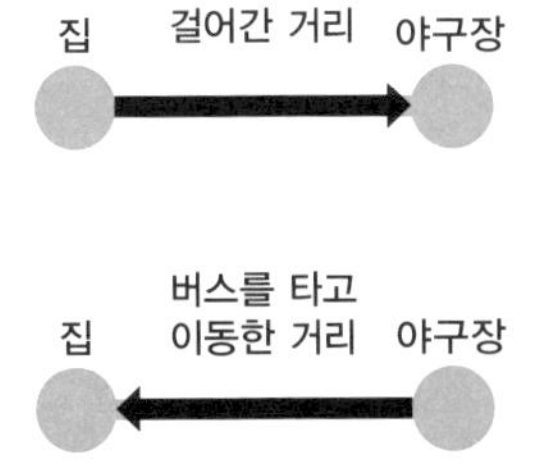

	속도	× 시간	= 거리
도보	5	2	10
버스	50	☆	50×☆

문제에 있는 정보를 표에 채워 넣으면 됩니다.

우리가 구해야 할 버스를 타고 온 시간을 ☆를 써서 나타냈습니다.

표에서 걸어간 거리가 10km입니다. 여기서 버스를 타고 이동한 거리 50×☆도 10km라고 이해하는 것이 이 문제 풀이의 핵심인데요.

50×☆=10이므로, ☆=10÷50=0.2(시간)입니다.

분으로 표현하면 60×0.2=12(분)이 됩니다.

3) 반성: 50×0.2=10km이므로 문제를 잘 풀었습니다. 모든 속도의 단위가 시속으로 나와 있기 때문에 여기서는 시간의 단위가 '시'라는 것을 꼭 기억해야 합니다.

(2) 유형 2

[문제]

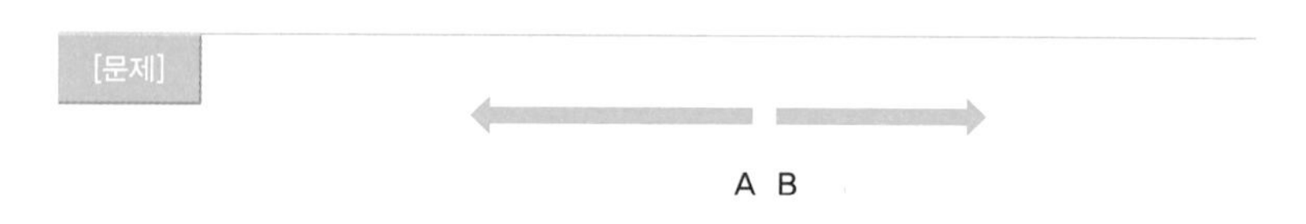

두 개의 자동차 A, B가 한 곳에 있다가 정반대 방향으로 출발했다. A 자동차는 일정하게 시속 60km로 달렸으며, 30분이 지난 뒤, 두 자동차의 거리가 55km였다. B자동차가 일정하게 달린 속도는?

[풀이]

1) 탐색: 마지막 문장을 잘 읽어 보면, B 자동차가 일정하게 달린 속도를 구해야 합니다.

2) 궁리: 아래와 같은 그림과 표 모델을 이용해 이 문제를 도식화할 수 있습니다.

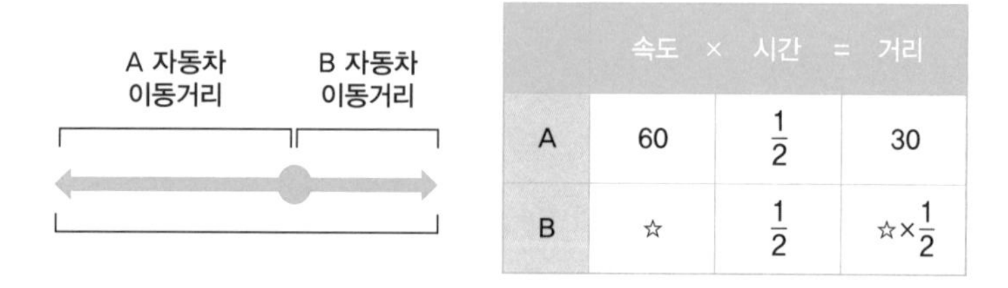

	속도	× 시간	= 거리
A	60	$\frac{1}{2}$	30
B	☆	$\frac{1}{2}$	☆×$\frac{1}{2}$

문제에 있는 정보를 표에 채워 넣으면 됩니다. 우리가 구해야 할 B의 속도를 ☆를 사용해 나타냈습니다.

표에서 A는 30km를 이동했습니다. 여기서 A가 이동한 거리와 B가 이동한 거리의 합이 55km가 된다는 것을 이해하는 것이 문제 풀이의 핵심입니다.

즉, $30+☆\times\frac{1}{2}=55$이므로,

$☆\times\frac{1}{2}=55-30=25$이고,

$☆=25\div\frac{1}{2}=25\times2=50$이므로 시속 50km가 답입니다.

3) 반성: $50\times\frac{1}{2}=25$km이고, 30km+25km=55km이므로 문제를 잘 풀었습니다.

(3) 유형 3

[문제]

A

B

시속 40km로 일정하게 달리는 자동차 A가 출발하고 난 후 1시간 뒤에 자동차 B가 시속 80km의 일정한 속도로 따라갔다. 두 자동차는 출발한 장소에서 몇 km 떨어진 곳에서 다시 만나게 되는가?

[풀이]

1) 탐색: 마지막 문장을 잘 읽어 보면, 자동차 A와 B가 출발한 장소부터 다시 만나는 장소까지의 거리를 구하는 문제입니다.

2) 궁리: 아래와 같은 그림과 표 모델을 이용해 이 문제를 도식화할 수 있습니다.

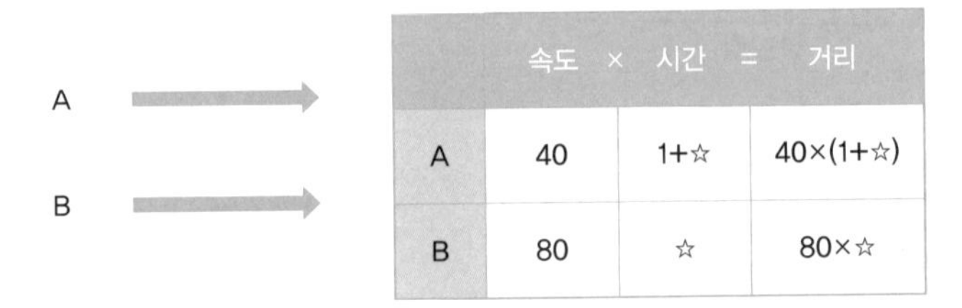

	속도	× 시간	= 거리
A	40	1+☆	40×(1+☆)
B	80	☆	80×☆

문제에 있는 정보를 표에 채워 넣으면 됩니다. 자동차 B가 달린 시간을 ☆로 놓았습니다. A는 1시간을 먼저 출발했으니, A가 이동한 시간은 1+☆가 됩니다.

여기서 A가 이동한 거리와 B가 이동한 거리가 같다고 이해해야 합니다. 이것이 문제 풀이의 핵심입니다.

즉, 40×(1+☆)=80×☆이므로, 1+☆의 값은 ☆의 값의 2배입니다.

따라서 (1+☆)=2×☆이고, ☆=1입니다.

A와 B는 B가 출발한 후 1시간 뒤에 만나게 되며, 이때의 거리는 80×1=80(km)입니다.

3) 반성: 40×2=80×1=80(km)이므로 문제를 잘 풀었습니다.

자녀와 함께하는 단 한 번의 추억 여행

자녀교육을 위해 오랜만에 다시 마주한 수학이 어떠셨나요? 조금 생소했나요? 물론 그럴 수 있습니다. 우리는 아무도 이렇게 배우지 않았습니다. 서두에 말씀드린 나무 이야기를 다시 하겠습니다. 여러분의 자녀가 어떤 나무가 되길 바라시나요? 비바람이 불어도 끄떡없이 우뚝 서 있는 푸르른 나무로 키우고 싶다면, 결국 혼자서 공부하고, 문제를 해결할 수 있는 힘을 길러줘야 합니다.

우리가 살고 있는 지금 이 시간과 공간은 절대로 두 번 다시 반복되지 않습니다. 우리는 어느 한 순간도 같은 장소에 있지 않습니다. 지구는 적도 부근에서 일 초에 460미터를 자전하고, 태양 주위를 일 초에 30킬로미터씩 공전합니다. 그리고 지구를 포함한 태양계는 우리 은하의 중심을 빠른 속도로 돌고 있습니다. 우리는 변화를 잘 느끼지 못하지만, 세상은 지금 이 순간에도 계속 변하고 있습니다. 우리 자녀들이 활동하게 될 미래 사회에 필요한 지식은 과연 무엇일까요?

공부를 통해 앞으로 살아갈 AI 시대를 위해 필요한 지식을 쌓으라는 말씀을 드리지 않겠습니다. 이미 우리는 클릭 몇 번으로 세상의 모든 지식을 검색할 수 있는 시대를 살고 있습니다. 나에게 필요한 지식이 무엇이고, 불필요한 지식을 어떻게 걸러낼 수 있는지 스스로 찾아보고, 판단하고, 선택할 수 있는 단단한 근육을 만들어야 합니다. 근육을 만들 수 있는 가장 좋은 방법이 바로 올바른 수학 공부입니다.

여러분의 자녀들이 수학책을 들고 걸어가는 그 길에 여러분이 함께 있어주어야 합니다. 누차 말씀드렸듯이, 자녀와 함께 공부하면서 역사를 쓸 수 있는 시기는 아이의 초등학교 시절, 단 몇 년뿐입니다. 중·고등학생이 되면, 자녀들의 하교시간도 늦어지고, 주말엔 친구들과 도서관에 가서 공부해야 합니다. 부모와 같이 공부할 수 있는 시간은 거의 없다고 보면 됩니다. 하지만 괜찮습니다. 중·고등학교에서 나오는 수많은 수학 개념과 문제들을 힘차게 풀어나갈 수 있는 근육을 초등학교 시절에 만들어주면 됩니다. 이 책에서 다룬 내용들이 충분한 참고자료가 될 것입니다.

지금 옆에 있는 자녀를 바라보고 뜨겁게 안아주시기 바랍니다. 가족들과 식사를 하면서 행복을 맘껏 누리시기 바랍니다. 지금 이 순간은 다시 오지 않습니다. 자녀가 중·고등학생이 되고 성인이 되면, 함께 식사할 수 있는 시간도 많이 없을 것입니다. 자녀가 태어나서 초등학교 졸업할 때까지 약 12~13년간 여러분의 자녀와 함께 보낸 시간들이 그 이후 평생을 같이하는 시간보다 훨씬 더 많을지도 모릅니다. '지금'을 뜻하는 영어 단어 'present'에는 '선물'이라는 뜻이 있지요. 우리는 매 순간 받고 있는 시간이라는 선물을 어떻게 사용해야 할까요?

두 가지 선택지가 놓여 있습니다. 퇴근을 하고 TV와 스마트폰 화면을 보면서 자녀에게 공부하라고 잔소리를 하시겠습니까? 아니면, 탁자에 둘러 앉아 수학책을 펴고 따뜻한 수학을 논하고 같이 대화하면서 하루를 마무리하시겠습니까? 행복을 느끼는 방식엔 여러 가지가 있다고 생각하시면, 저는 더 이상 드릴 말씀이 없습니다. 선택은 여러분의 자유입니다.

저는 대학교 입학 전, 수능시험이 끝나고 친구들과 지리산 종주를 한 소중한 추억을 간직하고 있습니다. 내 머리 위에 있는 하늘에 모래알 같이 많은 별들이 있었다는 것을 그때 처음 알았습니다. 이제 스무 살을 코앞에 둔 청년은 지리산의 어느 능선에서 드넓은 우주가 그저 신기해 바닥에 누워 하늘을 바라봤습니다. 쏟아지는 별을 바라보며 무섭고 두려웠습니다. 지금 생각해보면, 그때의 두근거렸던 마음을 조금 더 일찍 느껴봤으면 더 좋았을 것 같습니다.

여러분의 자녀에게 드넓은 우주와 쏟아지는 별을 보여주십시오. 그러기 위해선 높은 산 위로 같이 올라가야 합니다. 밤하늘에 반짝이는 수많은 별들은 이미 수억 광년을 날아 우리에게 왔습니다. 보석 같은 여러분의 자녀도 앞으로 하나의 빛이 되어 미지의 여행을 하게 될 것입니다. 이 세상 모든 꿈나무들의 단 한 번의 인생 여행이 보람되고 행복한 일로 가득 차기를 기원하겠습니다.

공부, 삽질하지 마라!

– 교육학자와 심리학자가 처방한 WPI 성격 유형 공부법

이은주, 황상민 지음 | 256쪽

화를 내도 안 되고, 남들이 좋다는 것
다 시켜도 소용없고!
교육학자와 심리학자가 처방한
WPI 성격 유형 공부법으로 승승장구하자!

마음먹은 대로 공부를 잘해나가던 리얼리스트 아이는 성적이 갑자기 떨어지거나 남과 비교해서 위축되면 영혼 없이 움직이는 '좀비' 모드로 돌변한다. 걱정이 많아서 공부에 집중하지 못하는 데다가 완벽주의 성향이 강한 로맨티스트 유형은 시험 날짜가 코앞에 다가올 때까지 한 과목만 붙늘고 있기 일쑤다. 놀기 좋아하고 큰소리 잘 치는 휴머니스트 아이들에겐 공부가 늘 뒷전이다. 어디 한 군데 꽂히면 물불 안 가리고 파고드는 아이디얼리스트 성향은 공부에서 의미를 찾지 못하면 곧장 무기력해진다. 자신을 혹독하게 몰아가는 에이전트 아이들은 계획표에 구멍이 생기면 짜증을 내고 방향성을 잃는다. 이처럼 아이들은 어떤 성향이 강하게 드러나는가에 따라 '공부'라는 동일한 문제 상황 앞에서 다른 모습을 보이게 된다. 남들이 다하는 공부법이나 좋다고 소문 난 학원을 자녀에게 무작정 들이밀면 안 되는 이유다.

언어사춘기

– 주인의 삶 vs. 노예의 삶, 언어사춘기가 결정한다

김경집 지음 | 248쪽

21세기 콘텐츠 시대의 주인공으로
자녀를 키우고 싶다면 언어사춘기에 주목하라!
섬세한 사유, 풍부한 감정 표현력, 논리적 사고와
판단력은 언어사춘기에 길러진다!

'언어사춘기'란 '아이의 언어에서 어른의 언어로 넘어가는 중간 시기' 혹은 '중간 시기의 언어'를 이르는 말로 '언어사춘기'라는 표현은 저자가 고안해낸 것이다. 최근 뇌과학자들과 교육학자들이 공동으로 연구한 결과에 의하면, 초등학교 4학년 이후부터 중학교에 이르는 연령 때가 '아이의 언어'에서 '어른의 언어'로 변환되는 시기이며 실제로 그 시기에 어른의 언어를 습득하는 효율성이 가장 높다고 한다. 저자는 이 책에서 먼저 '언어사춘기'의 의미와 자각에 대한 필요성을 역설한 다음, 구체적이며 활용 가능한 팁들을 소개한다. 즉 아이의 언어를 버리고 어른의 언어로 넘어간다는 것이 무엇을 뜻하는지, 풍부한 감정 표현이 가능하려면 무엇을 어떻게 해야 하는지, 남보다 섬세하게 지각하고 사유하려면 어떤 언어 훈련을 쌓아야 하는지 그 방법들을 제안한다. 갈수록 짧아지고 건조해지는 아이들의 언어 생활에 위기의식을 느끼는 부모와 교사에게, 난감함과 절망 그 이상으로 아이들의 미래를 고민하는 어른들에게 이 책을 강력히 추천한다.